Abhängigkeitsgraph

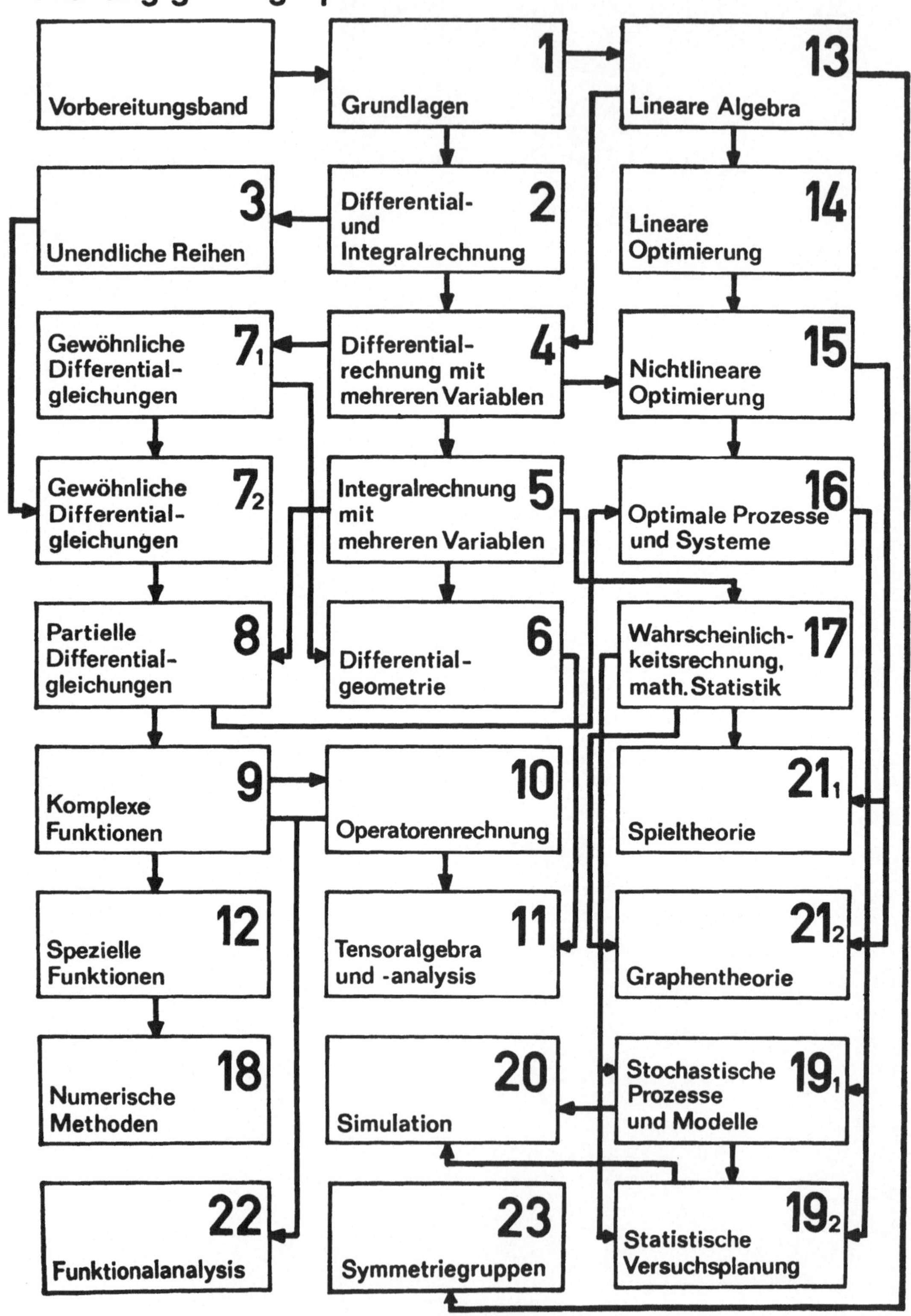

MATHEMATIK FÜR INGENIEURE, NATURWISSENSCHAFTLER,
ÖKONOMEN UND LANDWIRTE · BAND 3

Herausgeber: Prof. Dr. O. Beyer, Magdeburg · Prof. Dr. H. Erfurth, Merseburg
Prof. Dr. O. Greuel † · Prof. Dr. C. Großmann, Dresden
Prof. Dr. H. Kadner, Dresden · Prof. Dr. K. Manteuffel, Magdeburg
Prof. Dr. M. Schneider, Karl-Marx-Stadt · Doz. Dr. G. Zeidler, Berlin

DOZ. DR. H.-J. SCHELL

Unendliche Reihen

8. AUFLAGE

Springer Fachmedien Wiesbaden GmbH 1990

Das Lehrwerk wurde 1972 begründet und wird seither herausgegeben von:
Prof. Dr. Otfried Beyer, Prof. Dr. Horst Erfurth, Prof. Dr. Otto Greuel †, Prof. Dr. Horst Kadner,
Prof. Dr. Karl Manteuffel, Doz. Dr. Günter Zeidler
Außerdem gehören dem Herausgeberkollektiv an:
Prof. Dr. Manfred Schneider (seit 1989), Prof. Dr. Christian Großmann (seit 1989)

Verantwortlicher Herausgeber dieses Bandes:
Dr. sc. nat. K. Manteuffel, ordentlicher Professor an der Technischen Universität
„Otto von Guericke" Magdeburg

Autor:
Dr. sc. nat. H.-J. Schell, Dozent an der Technischen Universität Karl-Marx-Stadt

Als Lehrbuch für die Ausbildung an Universitäten und Hochschulen der DDR anerkannt.

Berlin, Mai 1989   Minister für Hoch- und Fachschulwesen

Schell, Hans-Joachim:
Unendliche Reihen / Hans-Joachim Schell. –
8. Aufl. – Leipzig : BSB Teubner, 1990. –
116 S.: 21 Abb.
(Mathematik für Ingenieure, Naturwissenschaftler,
Ökonomen und Landwirte; 3)
NE: GT

ISBN 978-3-322-00408-6   ISBN 978-3-663-11687-5 (eBook)
DOI 10.1007/978-3-663-11687-5

Math. Ing. Nat. wiss. Ökon. Landwirte, Bd. 3

ISSN 0138-1318

8. Auflage · fotomechanischer Nachdruck

VLN 294-375/44/90 · LSV 1034

Lektor: Dorothea Ziegler

Bestell-Nr. 665 672 6

00600

Vorwort

Der vorliegende 3. Band der Lehrbuchreihe für Ingenieure, Naturwissenschaftler, Ökonomen und Landwirte ist den unendlichen Reihen (im Reellen) gewidmet. Er gibt eine Einführung in ihre Theorie und stellt solche Anwendungsmöglichkeiten der unendlichen Reihen dar, die für einen großen Teil des Benutzerkreises von Wichtigkeit sind.

Das Buch gliedert sich in sechs Abschnitte. Dem einführenden Abschnitt folgen zwei Abschnitte, die den Leser mit grundsätzlichen Fragen zur Konvergenz von unendlichen Reihen und zum Rechnen mit ihnen bekannt machen sollen; einer davon behandelt Reihen mit konstanten Gliedern, der andere Funktionenreihen. In ihnen steht die Theorie stärker im Vordergrund als in den folgenden Teilen des Buches. Die nächsten beiden Abschnitte sind den Potenzreihen und den Fourierreihen gewidmet. Hierin werden insbesondere die Anwendungsmöglichkeiten breit dargestellt. Am Ende steht ein Abschnitt über Fourierintegrale, die eigentlich gar nicht zum Gegenstand des Buches gehören, aber wegen ihres engen Zusammenhanges zu den Fourierreihen in Ergänzung und Verallgemeinerung des 5. Abschnittes mit aufgenommen wurden.

Entsprechend der Zielstellung der Lehrbuchreihe wird die Theorie nicht lückenlos entwickelt. So sind im wesentlichen nur solche Beweise aufgenommen worden, die erforderlich oder geeignet sind, um bei einem Studierenden, der Mathematik als Nebenfach betreibt, zu einem vertieften mathematischen Verständnis beizutragen. In den Text sind viele ausführlich durchgerechnete Beispiele eingefügt, die das Durcharbeiten erleichtern und den Studenten, insbesondere den Fernstudenten, beim Selbststudium eine Hilfe sein sollen. Eine Auswahl von Übungsaufgaben, mit deren Lösung sich der Studierende die erforderlichen Fertigkeiten im Umgang mit Reihen aneignen sollte, findet sich jeweils am Ende eines Abschnittes. Die Lösungen sind am Ende des Buches zusammengestellt.

Das erfolgreiche Studium des vorliegenden Bandes setzt beim Leser die Kenntnis des Stoffes voraus, der in den Bänden 1 (Grundlagen) und 2 (Differential- und Integral-

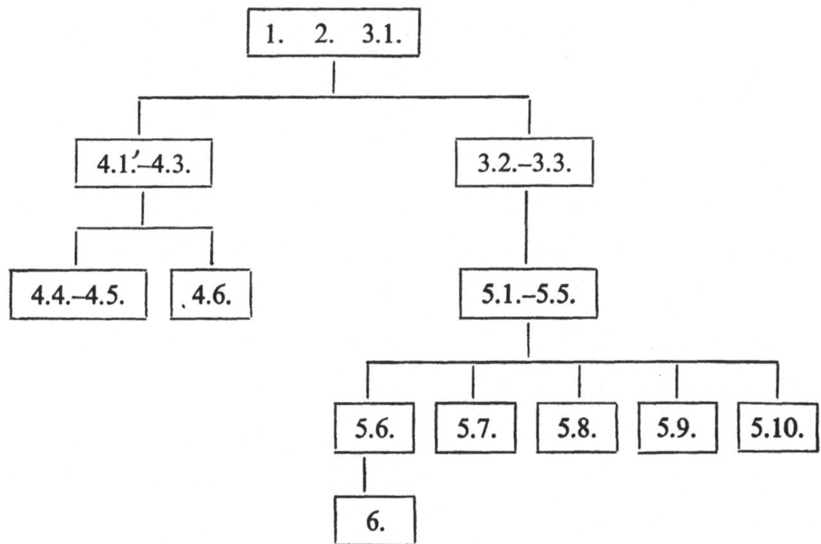

rechnung) behandelt wird. Innerhalb dieses Buches sind die Abschnitte 2. und 3.1. grundlegend für das Verständnis aller folgenden. Die weiteren Abschnitte können z. T. unabhängig voneinander durchgearbeitet werden; im einzelnen ist das der Übersicht auf Seite 3 zu entnehmen.

Für wertvolle Ratschläge und Verbesserungen bei der Durchsicht des Manuskripts danke ich den Herren Prof. Dr. K. Manteuffel (Technische Hochschule Magdeburg), Dr. W. Schirotzek (Technische Universität Dresden) und W. Riemenschneider. Frau M. Graupner danke ich für das sorgsame Schreiben des Manuskripts. Nicht zuletzt gilt mein Dank dem Verlag für sein verständnisvolles Entgegenkommen.

Karl-Marx-Stadt, im Juli 1973

H.-J. Schell

Vorwort zur 5. Auflage

Auf Grund der günstigen Aufnahme des Buches ist bisher von größeren Änderungen abgesehen worden. In der vorliegenden 5. Auflage wurde, entsprechend der wachsenden Bedeutung numerischer Methoden für den Ingenieur, ein Abschnitt „Numerische harmonische Analyse" neu aufgenommen. Neu gestaltet wurde der Abschnitt 5.10. Hier werden jetzt verallgemeinerte Fourierreihen eingeführt, und es wird die Approximation im quadratischen Mittel durch Teilsummen solcher Reihen behandelt. Dadurch wird eine übersichtlichere Darstellung möglich. Um den Umfang des Buches nicht zu vergrößern, wurden geringfügige Kürzungen vorgenommen und die Beweise einiger Sätze weggelassen, die für die Ausbildung der Studenten, auf die diese Reihe zielt, ohnehin am Rande liegen.

Karl-Marx-Stadt, im Februar 1984   H.-J. Schell

Inhalt

1. Zum Gegenstand und zur Bedeutung unendlicher Reihen

Die Theorie der unendlichen Reihen ist ein wesentlicher Bestandteil der Analysis. Sie befaßt sich mit der Konvergenzuntersuchung von Reihen, der Ermittlung ihrer Summen (im Konvergenzfall) und den Rechenoperationen mit unendlichen Reihen. Ihre Anwendungen erstrecken sich auf nahezu alle Teile der Analysis. Viele Untersuchungen werden durch Heranziehung unendlicher Reihen wesentlich vereinfacht oder überhaupt erst ermöglicht.

Anhand eines Beispiels wollen wir uns zunächst eine Vorstellung von einer unendlichen Reihe und dem Konvergenzbegriff geben. Wir gehen von der Zahlenfolge $\frac{1}{2}$, $\frac{1}{4}$, $\frac{1}{8}$, $\frac{1}{16}$, ... aus und bilden die Summen s_n der ersten n Glieder ($n = 1, 2, 3, ...$). Dabei erhalten wir, wie man durch vollständige Induktion sofort bestätigen kann,

$$s_n = \frac{1}{2} + \frac{1}{4} + \frac{1}{8} + ... + \frac{1}{2^n} = 1 - \frac{1}{2^n}.$$

Am Ergebnis ist erkennbar, daß die Summen s_n mit wachsendem n gegen 1 streben. Wenn wir nun die Summe s_n als n-tes Glied einer neuen Zahlenfolge auffassen, so heißt das gerade, daß diese konvergiert und den Grenzwert 1 hat. Auf Grund dieses Verhaltens der Summen s_n sagt man, daß die unendliche Reihe $\frac{1}{2} + \frac{1}{4} + \frac{1}{8} + ...$ konvergiert und die Summe (auch: den Wert) 1 hat.

Die Konvergenz einer unendlichen Reihe wird also mittels der Konvergenz einer Zahlenfolge definiert, die so beschaffen ist, daß ihr n-tes Glied s_n die Summe der ersten n Glieder einer anderen, gegebenen Zahlenfolge ist. Insofern erscheint die Reihe gewissermaßen als Summe aus den unendlich vielen Gliedern dieser anderen Zahlenfolge, und diese Vorstellung verband sich mit dem Reihenbegriff bei seiner Entstehung und noch geraume Zeit danach. Aber eine Summe aus unendlich vielen Zahlen ist kein mathematisch sinnvolles Objekt, und daher sei von vornherein vor einer solchen falschen Vorstellung von einer unendlichen Reihe gewarnt. Wenn man im obigen Beispiel trotzdem davon spricht, daß die unendliche Reihe $\frac{1}{2} + \frac{1}{4} + \frac{1}{8} + ...$ die Summe 1 hat, so hat das historische Gründe, es handelt sich nicht um eine Summe im Sinne des Ergebnisses einer Addition. „Summe" ist in unserem Beispiel nichts anderes als eine Benennung für den Grenzwert der Zahlenfolge $\left\{\sum\limits_{\nu=1}^{n} \frac{1}{2^\nu}\right\}$ für $n \to \infty$. Wie wir noch sehen werden, darf man mit einer Reihensumme im allgemeinen auch nicht so rechnen wie mit einer echten Summe.

Wenn wir jedoch eine konvergente Reihe nach n Gliedern (n hinreichend groß) abbrechen, d. h. die (echte) Summe aus den ersten n Gliedern bilden, so ist diese ein Näherungswert für die Reihensumme, und die Abweichung beider voneinander läßt sich im Prinzip beliebig klein machen, indem man n groß genug wählt. Diese Tatsache nutzt man bei der praktischen Anwendung unendlicher Reihen aus.

Die Bedeutung der unendlichen Reihen erwächst daraus, daß außer solchen Reihen, deren Glieder Zahlen sind (wir sprechen hier von Reihen mit konstanten Gliedern), hauptsächlich Reihen benutzt werden, deren Glieder Funktionen einer unabhängigen Variablen sind (Funktionenreihen). Dabei beschränken wir uns auf Funktionen einer reellen Variablen; die sehr wichtige Ausdehnung auf den Fall komplexer Variabler ist nicht Gegenstand dieses Bandes (vgl. Band 9).

Die Summe einer konvergenten reellen Funktionenreihe ist selbst eine Funktion einer reellen Variablen. Somit kann eine konvergente Funktionenreihe als eine Darstellung einer Funktion (nämlich ihrer Summenfunktion) angesehen werden. Sehr wichtig ist das Problem, eine in einer anderen Form gegebene Funktion $f(x)$ in eine Funktionenreihe zu entwickeln, d. h. sie durch eine solche Reihe darzustellen. Insbesondere interessieren Entwicklungen in Potenz- bzw. Fourierreihen, die die wichtigsten Vertreter der Funktionenreihen sind. So kann man für eine komplizierte Funktion aus ihrer Potenzreihenentwicklung – innerhalb gewisser Intervalle gut brauchbare – Näherungspolynome erhalten, indem man die Entwicklung nach endlich vielen Gliedern abbricht. Beispielsweise entnimmt man aus der Potenzreihenentwicklung

$$e^x = 1 + x + \frac{x^2}{2!} + \frac{x^3}{3!} + \dots,$$

daß $e^x \approx 1 + x + \frac{x^2}{2} + \frac{x^3}{6}$ für alle x mit hinreichend kleinem Betrag gilt. Wenn $|x| \leqq 0{,}1$ gilt, ist der Fehler, der bei Ersetzung von $f(x) = e^x$ durch das Polynom $g(x) = 1 + x + \frac{x^2}{2} + \frac{x^3}{6}$ entsteht, kleiner als 10^{-5}. Durch Hinzunahme weiterer Glieder der Reihe zu dem Polynom wird die Annäherung weiter verbessert, und die eben angegebene Genauigkeit wird noch für x-Werte mit einem größeren Betrag als 0,1 erreicht.

Fourierreihen lassen die Zusammensetzung periodischer Funktionen (bzw. der durch sie beschriebenen zeitlich abhängigen periodischen Vorgänge) aus Sinus- und Kosinusfunktionen erkennen. Zum Beispiel kann eine periodisch sich wiederholende Folge von Dreiecksimpulsen der Dauer 2π und der Höhe 1 durch die Fourierreihe

$$\frac{1}{2} - \frac{4}{\pi^2}\left(\cos x + \frac{\cos 3x}{3^2} + \frac{\cos 5x}{5^2} + \dots\right)$$

wiedergegeben werden (vgl. Beispiel 5.4).

Mit den Funktionenreihen können auch gewisse Rechenoperationen ausgeführt werden. Insbesondere können sie unter gewissen Voraussetzungen Glied für Glied integriert und differenziert werden. Daraus ergibt sich z. B. die Möglichkeit, Stammfunktionen von solchen Funktionen durch Funktionenreihen (insbesondere Potenzreihen) auszudrücken, die sich einer geschlossenen Darstellung mit Hilfe elementarer Funktionen entziehen. In Verallgemeinerung dessen bilden die Potenzreihen ein Hilfsmittel bei der Lösung gewöhnlicher Differentialgleichungen, für die die elementaren Integrationsmethoden nicht anwendbar sind. Diese wenigen Beispiele mögen genügen, um dem Leser einen ersten Eindruck von der Bedeutung der unendlichen Reihen zu vermitteln.

2.   Reihen mit konstanten Gliedern

2.1.   Der Konvergenzbegriff bei unendlichen Reihen

Wir denken uns eine Zahlenfolge $a_0, a_1, a_2, \ldots$ (a_ν reell) gegeben und bilden daraus rein formal den Ausdruck

$$a_0 + a_1 + a_2 + \ldots, \tag{2.1}$$

den wir mit Hilfe des Summenzeichens auch in der Form $\sum\limits_{\nu=0}^{\infty} a_\nu$ schreiben. Einen solchen Ausdruck nennt man eine unendliche Reihe (oft auch kurz Reihe). Die Zahlen a_ν werden Glieder der Reihe genannt, und die Summe aus den ersten $n + 1$ Gliedern der Reihe (n fest),

$$s_n = a_0 + a_1 + \ldots + a_n = \sum_{\nu=0}^{n} a_\nu, \tag{2.2}$$

heißt n-te Teilsumme der Reihe.

Definition 2.1: *Eine unendliche Reihe $\sum\limits_{\nu=0}^{\infty} a_\nu$ heißt konvergent, wenn die Folge $s_0, s_1, s_2, \ldots$*   **D. 2.1**
ihrer Teilsummen konvergiert; in diesem Fall heißt der Grenzwert $s = \lim\limits_{n\to\infty} s_n$ Summe der Reihe. Eine Reihe heißt divergent, wenn die Folge ihrer Teilsummen divergiert.

Dabei bedeutet die Konvergenz der Folge $\{s_n\}$ gegen s, daß zu jedem $\varepsilon > 0$ eine natürliche Zahl $N(\varepsilon)$ existiert, so daß $|s - s_n| < \varepsilon$ für alle $n > N(\varepsilon)$ gilt (vgl. Band 1,10.4.) Bei einer konvergenten Reihe mit der Summe s schreibt man $\sum\limits_{\nu=0}^{\infty} a_\nu = s$ (anstelle von $\lim\limits_{n\to\infty} s_n = s$), womit sowohl zum Ausdruck gebracht wird, daß die Reihe $\sum\limits_{\nu=0}^{\infty} a_\nu$ überhaupt konvergiert, als auch, daß s ihre Summe ist. Das Zeichen $\sum\limits_{\nu=0}^{\infty} a_\nu$ steht also zugleich für die Reihensumme. Wir wollen nochmals unterstreichen, daß aus der Benennung „Summe" für $\lim\limits_{n\to\infty} s_n$ nicht geschlossen werden darf, daß man mit einer unendlichen Reihe wie mit einer Summe aus endlich vielen Zahlen rechnen kann.

Es sei darauf hingewiesen, daß das erste Reihenglied nicht etwa immer a_0 sein muß. So bezeichnet auch $\sum\limits_{\nu=k}^{\infty} a_\nu$, wobei k irgendeine natürliche Zahl sein kann, eine unendliche Reihe (mit a_k als erstem Glied). Eine andere mögliche Schreibweise hierfür wäre $\sum\limits_{\nu=0}^{\infty} a_{\nu+k}$.

Beispiel 2.1: Ein ganz elementares Beispiel einer unendlichen Reihe ist die geometrische Reihe

$$1 + q + q^2 + q^3 + \ldots = \sum_{\nu=0}^{\infty} q^\nu, \quad (q \text{ reelle Zahl}). \tag{2.3}$$

Das in Abschnitt 1. angeführte Beispiel ist eine solche Reihe; dort ist $q = \frac{1}{2}$, und die Reihe beginnt erst mit dem Glied q^1. Die n-te Teilsumme der Reihe (2.3) ist

$$s_n = 1 + q + q^2 + \ldots + q^n = \frac{1 - q^{n+1}}{1 - q}, \quad q \neq 1 \tag{2.4}$$

(für $q = 1$ ist offenbar $s_n = n + 1$). Da $\lim\limits_{n\to\infty} q^{n+1} = 0$ für jedes q mit $|q| < 1$ gilt, konvergiert die Folge $\{s_n\}$ und damit die geometrische Reihe für diese q, und aus (2.4) folgt

$$\sum_{\nu=0}^{\infty} q^\nu = \frac{1}{1-q}, \quad |q| < 1. \tag{2.5}$$

Für jedes q mit $|q| \geqq 1$ ist $\lim_{n \to \infty} s_n$ nicht vorhanden und daher die geometrische Reihe divergent. Wie bei Zahlenfolgen unterscheidet man zwischen bestimmter und unbestimmter Divergenz. Bestimmte Divergenz liegt vor, wenn $\lim_{n \to \infty} s_n = +\infty$ oder $\lim_{n \to \infty} s_n = -\infty$ gilt; andernfalls spricht man von unbestimmter Divergenz. Die geometrische Reihe ist für $q \geqq 1$ bestimmt divergent gegen $+\infty$ (man schreibt dafür $\sum_{\nu=0}^{\infty} q^\nu = \infty$); für $q \leqq -1$ ist sie dagegen unbestimmt divergent (man betrachte etwa den Fall $q = -1: 1 - 1 + 1 - 1 + ...$, in dem die Teilsummen abwechselnd 1 und 0 sind).

Beispiel 2.2: In Band 2, 6.3.4., ist die Taylorentwicklung der Funktion $f(x) = e^x$ angegeben. Sie lautet $e^x = \sum_{\nu=0}^{n} \frac{x^\nu}{\nu!} + R_n(x)$, wobei $R_n(x)$ das Restglied bezeichnet, das für jedes x die Eigenschaft $\lim_{n \to \infty} R_n(x) = 0$ besitzt. Speziell für $x = 1$ erhält man $e = \sum_{\nu=0}^{n} \frac{1}{\nu!} + R_n(1)$, $\lim_{n \to \infty} R_n(1) = 0$. Das heißt aber gerade, daß die Zahlenfolge mit dem n-ten Glied $s_n = \sum_{\nu=0}^{n} \frac{1}{\nu!}$ für $n \to \infty$ gegen e strebt. Folglich ist e die Summe der unendlichen Reihe $\sum_{\nu=0}^{\infty} \frac{1}{\nu!}$:

$$\sum_{\nu=0}^{\infty} \frac{1}{\nu!} = e. \tag{2.6}$$

Durch Definition 2.1 ist die Konvergenzuntersuchung von Reihen auf die von Zahlenfolgen zurückgeführt. Daher gewinnt man aus Konvergenzkriterien und anderen Sätzen über konvergente Zahlenfolgen auch entsprechende grundsätzliche Aussagen über unendliche Reihen. Jedoch ergibt sich eine große Zahl weiterer Konvergenzaussagen nicht aus den Eigenschaften der Glieder s_n der Teilsummenfolge, sondern aus den Reihengliedern a_ν selbst. Hieraus folgt schon, daß den Reihen durchaus eine eigenständige Bedeutung zukommt. Es kann umgekehrt zweckmäßig sein, die Konvergenzuntersuchung einer Zahlenfolge auf die einer unendlichen Reihe zurückzuführen. Ist nämlich $b_0, b_1, b_2, ...$ eine vorgegebene Folge, so ist sie gerade die Teilsummenfolge der Reihe $b_0 + (b_1 - b_0) + (b_2 - b_1) + ...$, denn für diese Reihe ist $s_n = b_0 + (b_1 - b_0) + ... + (b_n - b_{n-1}) = b_n$.

Beispiel 2.3: Die Reihe $\sum_{\nu=1}^{\infty} \frac{1}{\nu(\nu + 1)}$ soll auf Konvergenz untersucht werden.

Wegen $a_\nu = \dfrac{1}{\nu(\nu + 1)} = \dfrac{1}{\nu} - \dfrac{1}{\nu + 1}$, $\quad \nu = 1, 2, 3, ...,$ wird

$$s_n = \sum_{\nu=1}^{n} \frac{1}{\nu(\nu + 1)} = 1 - \frac{1}{2} + \frac{1}{2} - \frac{1}{3} + ... - \frac{1}{n-1} + \frac{1}{n-1} - \frac{1}{n}$$

$$= 1 - \frac{1}{n};$$

also ist $\lim\limits_{n \to \infty} s_n = 1$. Die Reihe konvergiert mit der Summe 1.

Wir erwähnen schließlich noch den Begriff des Reihenrests.

Definition 2.2: *Wenn* $\sum\limits_{\nu=0}^{\infty} a_\nu$ *eine gegebene Reihe ist, so nennt man die Reihe* D. 2.2

$$a_{n+1} + a_{n+2} + \ldots = \sum_{\nu=n+1}^{\infty} a_\nu \quad (n \; fest) \tag{2.7}$$

ihren n-ten Reihenrest.

Die m-te Teilsumme des n-ten Reihenrests, $\sigma_m^{(n)} = a_{n+1} + a_{n+2} + \ldots + a_{n+m}$ ($m = 1, 2, 3, \ldots$) ergibt sich offenbar als Differenz der Teilsummen s_{n+m} und s_n der gegebenen Reihe:

$$\sigma_m^{(n)} = s_{n+m} - s_n. \tag{2.8}$$

Aus (2.8) entnimmt man: Wenn die Reihe $\sum\limits_{\nu=0}^{\infty} a_\nu$ konvergiert und s als Summe hat, d. h. $\lim\limits_{m \to \infty} s_{n+m} = s$ gilt, so existiert, da s_n von m unabhängig ist, auch $\lim\limits_{m \to \infty} \sigma_m^{(n)} = r_n$; es ist also

$$r_n = s - s_n. \tag{2.9}$$

Umgekehrt schließt man entsprechend aus der Konvergenz des n-ten Reihenrests auf die Konvergenz der Reihe selbst. Da n beliebig ist, hat man folgendes Ergebnis:

Satz 2.1: *Wenn eine Reihe* $\sum\limits_{\nu=0}^{\infty} a_\nu$ *konvergiert, so konvergiert auch jeder ihrer Reihen-* S. 2.1
reste, und es gilt (2.9) *für alle n. Umgekehrt folgt aus der Konvergenz eines einzigen Reihenrests die Konvergenz der Reihe selbst.*

Aus (2.9) ergibt sich weiter, daß für eine konvergente Reihe $\lim\limits_{n \to \infty} r_n = 0$ gilt. Daher kann die Summe s einer konvergenten unendlichen Reihe näherungsweise durch eine Teilsumme s_n (mit hinreichend großem n) ersetzt werden; der dabei begangene Fehler ist wegen (2.9) gleich r_n. So ergibt sich aus Beispiel 2.2 mit $n = 6$:

$$e \approx s_6 = 1 + \frac{1}{1!} + \frac{1}{2!} + \frac{1}{3!} + \frac{1}{4!} + \frac{1}{5!} + \frac{1}{6!}.$$

Auf fünf Dezimalen genau ist $s_6 = 2{,}71806$ (zum Vergleich: $e = 2{,}71828 \ldots$).

2.2. Einige elementare Eigenschaften unendlicher Reihen

Wir wollen nun erste elementare Eigenschaften kennenlernen, die wir für den Umgang mit unendlichen Reihen benötigen.

Satz 2.2: *Wenn man in einer Reihe* $\sum\limits_{\nu=0}^{\infty} a_\nu$ *endlich viele Glieder wegläßt oder hinzufügt* S. 2.2
oder durch andere ersetzt, so bleibt die Eigenschaft der Konvergenz bzw. Divergenz erhalten.

Auf eine etwas knappere Form gebracht, besagt der Satz, daß endlich viele Glieder keinen Einfluß auf das Konvergenzverhalten einer unendlichen Reihe haben.

Beweis: Da nur an endlich vielen Gliedern Änderungen vorgenommen werden, gibt es einen Index n der Art, daß alle Glieder a_ν der vorgelegten Reihe mit $\nu > n$ unverändert bleiben. Nach Satz 2.1 ist der zu diesem Index n gehörende Reihenrest konvergent oder divergent, je nachdem, ob die Reihe selbst konvergiert oder divergiert. Dieser Reihenrest ist aber auch ein Reihenrest der abgeänderten Reihe (eventuell mit einem anderen Index), und daher folgt, wieder nach Satz 2.1, daß die abgeänderte Reihe das gleiche Konvergenzverhalten wie der n-te Reihenrest der Reihe $\sum_{v=0}^{\infty} a_v$, also wie diese selbst hat. $\blacksquare$

Wenn man in einer konvergenten Reihe $\sum_{v=0}^{\infty} a_v$ jeweils eine endliche Anzahl aufeinanderfolgender Glieder zu einem neuen Glied zusammenfaßt (kurz: wenn man Klammern setzt), etwa $(a_0 + a_1 + \ldots + a_{k_0}) + (a_{k_0+1} + a_{k_0+2} + \ldots + a_{k_1}) + \ldots$, so entsteht eine neue Reihe. Über deren Konvergenzverhalten gilt

S. 2.3 Satz 2.3: *Es sei $\sum_{v=0}^{\infty} a_v = s$. Ist $k_0, k_1, k_2, \ldots$ eine streng monoton wachsende Folge natürlicher Zahlen und wird*

$$b_0 = a_0 + \ldots + a_{k_0},$$
$$b_1 = a_{k_0+1} + \ldots + a_{k_1},$$
$$\ldots \ldots \ldots \ldots \ldots \ldots \ldots$$

gesetzt, so ist auch $\sum_{v=0}^{\infty} b_v$ konvergent und hat die Summe s.

Der Inhalt dieses Satzes kann kurz wie folgt zusammengefaßt werden: In einer konvergenten Reihe dürfen Klammern gesetzt werden.

Beweis: Die Folge der Teilsummen der Reihe $\sum_{v=0}^{\infty} b_v$ bildet eine Teilfolge der Folge der Teilsummen s_n der Reihe $\sum_{v=0}^{\infty} a_v$ und hat daher denselben Grenzwert wie $\{s_n\}$ (vgl. Band 1, 10.5.). $\blacksquare$

Die Umkehrung von Satz 2.3 ist falsch, d. h., man darf nicht ohne weiteres Klammern weglassen. Das lehrt das folgende einfache Gegenbeispiel. Die Reihe $(1 - 1) + (1 - 1) + \ldots$ konvergiert und hat die Summe 0, aber die Reihe $1 - 1 + 1 - 1 + \ldots$ divergiert (vgl. Beispiel 1.1). Hier haben wir ein erstes Beispiel dafür, daß man mit unendlichen Reihen nicht so rechnen darf wie mit gewöhnlichen Summen.

S. 2.4 Satz 2.4: *Es sei $\sum_{v=0}^{\infty} a_v = s$, und c sei eine beliebige Konstante. Dann konvergiert auch die Reihe $\sum_{v=0}^{\infty} ca_v$ und hat die Summe cs.*

Es gilt also $\sum_{v=0}^{\infty} ca_v = c \sum_{v=0}^{\infty} a_v$, d. h., ein konstanter Faktor kann bei einer konvergenten Reihe vor das Summenzeichen gezogen werden.

Beweis: Mit $s_n = \sum_{v=0}^{\infty} a_v$ wird die n-te Teilsumme der Reihe $\sum_{v=0}^{\infty} ca_v$ gleich $\sum_{v=0}^{\infty} ca_v = cs_n$, und es gilt

$$\lim_{n \to \infty} cs_n = c \cdot \lim_{n \to \infty} s_n = cs. \quad \blacksquare$$

S. 2.5 Satz 2.5: *Es seien $\sum_{v=0}^{\infty} a_v = s, \sum_{v=0}^{\infty} b_v = t$. Dann konvergieren auch die Reihen $\sum_{v=0}^{\infty} (a_v + b_v)$ bzw. $\sum_{v=0}^{\infty} (a_v - b_v)$ und haben die Summen $s + t$ bzw. $s - t$.*

Konvergente Reihen dürfen also gliedweise addiert bzw. subtrahiert werden.

Beweis: Wenn $s_n = \sum\limits_{\nu=0}^{n} a_\nu$, $t_n = \sum\limits_{\nu=0}^{n} b_\nu$ ist, so sind die Teilsummen der durch gliedweise Addition bzw. Subtraktion entstehenden Reihen gleich $s_n + t_n$ bzw. $s_n - t_n$.

Aus $\lim\limits_{n \to \infty} (s_n \pm t_n) = \lim\limits_{n \to \infty} s_n \pm \lim\limits_{n \to \infty} t_n = s \pm t$ folgt die Behauptung. ∎

Folgerung: *Aus $\sum\limits_{\nu=0}^{\infty} a_\nu = s$, $\sum\limits_{\nu=0}^{\infty} b_\nu = t$ folgt nach den Sätzen 2.4 und 2.5, daß jede Reihe $\sum\limits_{\nu=0}^{\infty} (\alpha a_\nu + \beta b_\nu)$ mit (reellen) Konstanten α, β ebenfalls konvergiert und $\alpha s + \beta t$ zur Summe hat. Das Entsprechende gilt, wenn man aus m konvergenten Reihen ($m > 2$) durch eine Linearkombination der Glieder mit gleichem Index eine neue Reihe bildet.*

2.3. Das Cauchysche Konvergenzkriterium

In den Beispielen 2.1, 2.3 konnten wir die Teilsummen geschlossen ausdrücken und dadurch unmittelbar ihr Verhalten für $n \to \infty$ untersuchen. Diese direkte Methode der Konvergenzuntersuchung einer unendlichen Reihe, die im Konvergenzfall zugleich die Reihensumme liefert, gelingt nur in wenigen Beispielen. Im allgemeinen geht es zunächst um die Feststellung der Konvergenz oder Divergenz einer Reihe. Dazu bedient man sich gewisser Konvergenzkriterien, von denen in diesem und den beiden folgenden Unterabschnitten einige wichtige angegeben werden. Diese Kriterien liefern im Konvergenzfall keine Methode zur Berechnung der Reihensumme; dieses Problem muß gesondert gelöst werden.

Von Band 1, Abschnitt 10.6., her ist das Cauchysche Konvergenzkriterium für Zahlenfolgen bekannt. Dieses Kriterium läßt sich auf Grund von Definition 2.1 auf unendliche Reihen übertragen. Es ist von grundsätzlicher theoretischer Bedeutung, weil es eine notwendige und hinreichende Bedingung für die Konvergenz einer Reihe enthält.

Satz 2.6 (*Cauchysches Konvergenzkriterium*): *Eine unendliche Reihe $\sum\limits_{\nu=0}^{\infty} a_\nu$ ist genau* $\qquad$ **S. 2.6**

dann konvergent, wenn zu jedem $\varepsilon > 0$ eine natürliche Zahl $N(\varepsilon)$ existiert, so daß

$$|a_{n+1} + a_{n+2} + \ldots + a_{n+p}| < \varepsilon \qquad (2.10)$$

für alle $n > N(\varepsilon)$ und für jedes $p \geq 1$ gilt.

Beweis: Eine Reihe $\sum\limits_{\nu=0}^{\infty} a_\nu$ ist nach Definition 2.1 und dem Cauchyschen Konvergenzkriterium für Zahlenfolgen genau dann konvergent, wenn zu jedem positiven ε eine natürliche Zahl $N(\varepsilon)$ existiert, so daß für alle $m > N(\varepsilon)$ und $n > N(\varepsilon)$

$$|s_m - s_n| < \varepsilon \qquad (2.11)$$

gilt. Ohne Beschränkung der Allgemeinheit kann man $m > n$ annehmen (für $m = n$ ist (2.11) trivialerweise erfüllt) und daher $m = n + p$ setzen, wobei p eine positive ganze Zahl ist. Dann geht (2.11) über in

$$|s_{n+p} - s_n| < \varepsilon. \qquad (2.12)$$

Nun ist aber

$$s_{n+p} - s_n = (a_0 + a_1 + \ldots + a_n + a_{n+1} + \ldots + a_{n+p}) - (a_0 + a_1 + \ldots + a_n)$$
$$= a_{n+1} + \ldots + a_{n+p};$$

d. h., (2.12) ist mit (2.10) äquivalent. ∎

Bei Konvergenz der Reihe $\sum\limits_{\nu=0}^{\infty} a_\nu$ ist (2.10) insbesondere für $p = 1$ erfüllt, d. h., für jedes $\varepsilon > 0$ muß $|a_{n+1}| < \varepsilon$ von einem gewissen n an gelten. Damit hat man ein notwendiges Konvergenzkriterium:

S. 2.7 **Satz 2.7:** *Wenn eine unendliche Reihe* $\sum\limits_{\nu=0}^{\infty} a_\nu$ *konvergiert, so gilt*

$$\lim_{\nu \to \infty} a_\nu = 0. \tag{2.13}$$

Die Bedingung (2.13) ist jedoch nicht hinreichend für die Konvergenz einer Reihe. Wir zeigen das an einem Gegenbeispiel.

Beispiel 2.4: Die sogenannte harmonische Reihe $\sum\limits_{\nu=0}^{\infty} \dfrac{1}{\nu}$ soll auf Konvergenz untersucht werden. Die Bedingung (2.13) ist hier erfüllt: es ist $\lim\limits_{\nu=\infty} \dfrac{1}{\nu} = 0$. Trotzdem ist die Reihe divergent. Mit $n = 2^k$, $p = 2^k$, $k = 0, 1, 2, \ldots$, wird nämlich

$$|a_{n+1} + a_{n+2} + \ldots + a_{n+p}| = \frac{1}{2^k + 1} + \frac{1}{2^k + 2} + \ldots + \frac{1}{2^{k+1}}.$$

Da jeder der vorhergehenden Summanden auf der rechten Seite größer als der letzte ist und die Anzahl der Summanden $p = 2^k$ ist, folgt $|a_{n+1} + a_{n+2} + \ldots + a_{n+p}| \geq 2^k \cdot \dfrac{1}{2^{k+1}}$ $= \dfrac{1}{2}$. Wählt man nun $\varepsilon < \dfrac{1}{2}$, so ist (2.10) offenbar nicht erfüllbar.

Die Konvergenzuntersuchung einer Reihe mit dem Cauchyschen Konvergenzkriterium ist meist etwas schwerfällig. Man greift gern auf leichter zu handhabende Kriterien zurück, wobei es praktisch ausreicht, daß diese nur hinreichende Bedingungen für Konvergenz oder Divergenz enthalten.

2.4. Konvergenzkriterien für Reihen mit positiven Gliedern

Die in diesem Unterabschnitt angegebenen Konvergenzkriterien gelten für Reihen mit positiven Gliedern. Unter einer Reihe mit positiven Gliedern verstehen wir dabei eine Reihe, deren Glieder nicht negativ sind und die unendlich viele positive Glieder enthält. Auf Grund von Satz 2.2 kann man die Kriterien auch anwenden, wenn in einer Reihe neben unendlich vielen positiven Gliedern noch endlich viele negative Glieder vorkommen, da man diese bei der Konvergenzuntersuchung unberücksichtigt lassen kann. In 2.6. wird gezeigt, daß man einige der folgenden Kriterien nach gewissen Modifizierungen auch auf Reihen mit Gliedern beliebigen Vorzeichens anwenden kann.

2.4.1. Ein notwendiges und hinreichendes Kriterium

S. 2.8 **Satz 2.8:** *Eine Reihe* $\sum\limits_{\nu=0}^{\infty} a_\nu$ *mit positiven Gliedern ist genau dann konvergent, wenn die Folge ihrer Teilsummen eine beschränkte Zahlenfolge ist.*

Hinweis. In diesem Fall gilt sicher für die Reihensumme s die Beziehung $s > s_n$, $n = 0, 1, 2, \ldots$

Beweis: Wegen $a_\nu \geq 0$ bilden die Teilsummen $s_n = \sum\limits_{\nu=0}^{n} a_\nu$ eine monoton wachsende

Folge. Da eine beschränkte monotone Zahlenfolge konvergiert (vgl. Band 1, 10.6.), ist die Beschränktheit der Teilsummenfolge im Fall $a_v \geqq 0$ für die Konvergenz der Reihe hinreichend. Die Notwendigkeit ergibt sich aus dem Satz, daß jede konvergente Zahlenfolge beschränkt ist (vgl. Band 1, 10.5.). ∎

2.4.2. Vergleichskriterien

Satz 2.9: (*Vergleichskriterium, 1. Teil*): *Eine Reihe* $\sum\limits_{v=0}^{\infty} a_v$ *mit positiven Gliedern ist* **S. 2.9** *konvergent, wenn zwischen ihren Gliedern und den Gliedern einer als konvergent bekannten Reihe* $\sum\limits_{v=0}^{\infty} b_v$ *von einem gewissen v an die Beziehung* $a_v \leqq b_v$ *gilt.*

Beweis: Nach dem Cauchyschen Konvergenzkriterium existiert zu jedem $\varepsilon > 0$ ein $N(\varepsilon)$, so daß $|b_{n+1} + b_{n+2} + \ldots + b_{n+p}| < \varepsilon$ für alle $n > N(\varepsilon)$ und für jedes $p \geqq 1$ gilt. Wählt man nun außerdem n so groß, daß $a_v \leqq b_v$ für $v > n$ erfüllt ist, so folgt, da $b_v \geqq 0$ für diese v ist, daß

$$|a_{n+1} + a_{n+2} + \ldots + a_{n+p}| = a_{n+1} + a_{n+2} + \ldots + a_{n+p}$$
$$\leqq b_{n+1} + b_{n+2} + \ldots + b_{n+p} = |b_{n+1} + b_{n+2} + \ldots + b_{n+p}| < \varepsilon$$

von einem gewissen n ab und für jedes $p \geqq 1$ gilt. Daher ist die Reihe $\sum\limits_{v=0}^{\infty} a_v$ nach dem Cauchyschen Konvergenzkriterium konvergent. ∎

Die zum Vergleich benutzte konvergente Reihe $\sum\limits_{v=0}^{\infty} b_v$ nennt man eine Majorante zur Reihe $\sum\limits_{v=0}^{\infty} a_v$ und daher Satz 2.9 auch *Majorantenkriterium*.

Satz 2.10 (*Vergleichskriterium, 2. Teil*): *Eine Reihe* $\sum\limits_{v=0}^{\infty} a_v$ *ist divergent, wenn zwischen* **S. 2.10** *ihren Gliedern und den Gliedern einer als divergent bekannten Reihe* $\sum\limits_{v=0}^{\infty} b_v$ *mit positiven Gliedern von einem gewissen v an die Beziehung* $a_v \geqq b_v$ *gilt.*

Beweis: Wenn man annimmt, daß die Reihe $\sum\limits_{v=0}^{\infty} a_v$ konvergent ist, so müßte nach dem eben bewiesenen Satz 2.9 auch die Reihe $\sum\limits_{v=0}^{\infty} b_v$ konvergieren. Das steht aber im Widerspruch zur Voraussetzung. ∎

Die hier zum Vergleich verwendete divergente Reihe $\sum\limits_{v=0}^{\infty} b_v$ heißt eine Minorante zur Reihe $\sum\limits_{v=0}^{\infty} a_v$, und den Satz 2.10 nennt man deshalb *Minorantenkriterium*. Man muß natürlich eine gewisse Anzahl von möglichen Vergleichsreihen – also Reihen, deren Konvergenzverhalten man kennt – zur Verfügung haben, wenn man die Sätze 2.9 und 2.10 anwenden will.

Beispiel 2.5: Wir untersuchen die Reihe $\sum\limits_{v=1}^{\infty} \dfrac{1}{v^2}$ und ziehen die in Beispiel 2.3 als konvergent erkannte Reihe $\sum\limits_{v=1}^{\infty} \dfrac{1}{v(v+1)}$ als Vergleichsreihe heran; es ist also $a_v = \dfrac{1}{v^2}$, $b_v = \dfrac{1}{v(v+1)}$, $v = 1, 2, \ldots$ Zwischen entsprechenden Gliedern beider Reihen besteht die Relation $\dfrac{1}{v^2} > \dfrac{1}{v(v+1)}$, aus der man jedoch nichts über das Konvergenzverhalten der Reihe $\sum\limits_{v=1}^{\infty} \dfrac{1}{v^2}$ folgern kann. Schreibt man die zu untersuchende Reihe jedoch in der Form $\sum\limits_{v=0}^{\infty} \dfrac{1}{(v+1)^2}$, so besteht zwischen den Gliedern $a_v = \dfrac{1}{(v+1)^2}$ dieser Reihe und den Gliedern b_v der Vergleichsreihe für $v \geq 1$ die Beziehung $\dfrac{1}{(v+1)^2} < \dfrac{1}{v(v+1)}$, und nun folgt nach Satz 2.9, daß die vorgelegte Reihe konvergiert. In Beispiel 5.5 wird gezeigt, daß ihre Summe $\dfrac{\pi^2}{6}$ ist.

Beispiel 2.6: Wir untersuchen die Reihe $\sum\limits_{v=1}^{\infty} \dfrac{1}{\sqrt{v}}$ und verwenden die divergente harmonische Reihe $\sum\limits_{v=1}^{\infty} \dfrac{1}{v}$ (Beispiel 2.4) zum Vergleich. Da $\dfrac{1}{\sqrt{v}} \geq \dfrac{1}{v}$ für alle v gilt, ist nach Satz 2.10 auch die Reihe $\sum\limits_{v=1}^{\infty} \dfrac{1}{\sqrt{v}}$ divergent. Allgemeiner ergibt sich auf diese Weise die Divergenz für alle Reihen $\sum\limits_{v=1}^{\infty} \dfrac{1}{v^{\alpha}}$ mit $\alpha < 1$. Der Fall $\alpha > 1$ wird in 2.4.4., Beispiel 2.11, betrachtet.

2.4.3. Quotienten- und Wurzelkriterium

Wenn man im Majorantenkriterium die geometrische Reihe als Vergleichsreihe heranzieht, kommt man zu zwei weiteren Konvergenzkriterien, die sehr häufig verwendet werden: dem Quotienten- und dem Wurzelkriterium (auch: Kriterium von d'Alembert bzw. von Cauchy).

S. 2.11   **Satz 2.11** *(Quotientenkriterium): Wenn für eine Reihe $\sum\limits_{v=0}^{\infty} a_v$ mit positiven Gliedern von einem gewissen v an $a_v > 0$ und*

$$\frac{a_{v+1}}{a_v} \leq q, \quad 0 < q < 1, \tag{2.14}$$

gilt, so ist die Reihe konvergent. Gilt jedoch von einem gewissen v an $\dfrac{a_{v+1}}{a_v} \geq 1$, so ist die Reihe divergent.

Beweis: Es sei (2.14) für $v \geq n$ erfüllt. Dann gilt

$$a_{n+1} \leq qa_n, \; a_{n+2} \leq qa_{n+1}, \; a_{n+3} \leq qa_{n+2}, \; \ldots$$

Durch Einsetzen der ersten Ungleichung in die zweite usf. folgt

$$a_{n+1} \leq qa_n, \; a_{n+2} \leq q^2 a_n, \; a_{n+3} \leq q^3 a_n, \; \ldots$$

Das heißt aber, daß die geometrische Reihe $a_n \sum\limits_{v=0}^{\infty} q^v$, die wegen $0 < q < 1$ konvergiert, eine Majorante zur Reihe $\sum\limits_{v=n}^{\infty} a_v$ ist. Nach Satz 2.1 konvergiert dann auch $\sum\limits_{v=n}^{\infty} a_v$.

Gilt dagegen von einem gewissen v ab $\dfrac{a_{v+1}}{a_v} \geq 1$, so ist $a_{v+1} \geq a_v$, die Folge $\{a_v\}$ mit positiven Gliedern ist also monoton wachsend. Daher ist die nach Satz 2.7 notwendige Konvergenzbedingung $\lim\limits_{v \to \infty} a_v = 0$ nicht erfüllt. ∎

Es muß besonders betont werden, daß sich die Konvergenz einer Reihe mit dem Quotientenkriterium nur folgern läßt, wenn die Existenz einer Zahl $q < 1$ mit der Eigenschaft $\dfrac{a_{\nu+1}}{a_\nu} \leq q$ von einem gewissen ν an nachweisbar ist. Nur aus $\dfrac{a_{\nu+1}}{a_\nu} < 1$ kann man nicht auf Konvergenz schließen. Das zeigt das Beispiel der harmonischen Reihe $\sum\limits_{\nu=1}^{\infty} \dfrac{1}{\nu}$, bei der $\dfrac{a_{\nu+1}}{a_\nu} = \dfrac{\nu}{\nu+1} < 1$ für alle ν erfüllt ist (eine Zahl $q < 1$, so daß $\dfrac{\nu}{\nu+1} \leq q$ für alle ν gilt, gibt es offenbar nicht). Diese Bemerkung gilt sinngemäß auch für das folgende Wurzelkriterium.

Satz 2.12 *(Wurzelkriterium): Wenn für eine Reihe $\sum\limits_{\nu=0}^{\infty} a_\nu$ mit positiven Gliedern von* **S. 2.12** *einem gewissen ν an*

$$\sqrt[\nu]{a_\nu} \leq q, \quad 0 < q < 1, \tag{2.15}$$

gilt, so ist die Reihe konvergent. Gilt jedoch von einem gewissen ν an $\sqrt[\nu]{a_\nu} \geq 1$, so ist die Reihe divergent.

Beweis: Es sei (2.15) und damit $a_\nu \leq q^\nu$ für $\nu \geq n$ erfüllt. Dann ist die Reihe $\sum\limits_{\nu=n}^{\infty} q^\nu$ eine Majorante zum Reihenrest $\sum\limits_{\nu=n}^{\infty} a_\nu$, also ist dieser und nach Satz 2.1 auch die Reihe selbst konvergent. Wenn jedoch von einem gewissen ν ab $\sqrt[\nu]{a_\nu} \geq 1$ gilt, so ist $a_\nu \geq 1$; daher ist $\lim\limits_{\nu\to\infty} a_\nu = 0$ nicht erfüllt. ∎

Oft ist es zweckmäßig, das Wurzelkriterium in der sogenannten Limesform zu verwenden. Wenn nämlich $\lim\limits_{\nu\to\infty} \sqrt[\nu]{a_\nu}$ existiert und kleiner als 1 ist, so existiert auch eine Zahl $q < 1$, so daß (2.15) erfüllt ist (das folgt unmittelbar aus der Definition des Grenzwerts einer Zahlenfolge). Im Fall $\lim\limits_{\nu\to\infty} \sqrt[\nu]{a_\nu} > 1$ dagegen gilt von einem gewissen ν ab $\sqrt[\nu]{a_\nu} \geq 1$. Entsprechendes gilt, wenn $\lim\limits_{\nu\to\infty} \dfrac{a_{\nu+1}}{a_\nu}$ existiert. Somit haben wir

Satz 2.13 *(Quotienten- bzw. Wurzelkriterium in Limesform): Für eine Reihe $\sum\limits_{\nu=0}^{\infty} a_\nu$* **S. 2.13** *mit positiven Gliedern möge $\lim\limits_{\nu\to\infty} \dfrac{a_{\nu+1}}{a_\nu}$ bzw. $\lim\limits_{\nu\to\infty} \sqrt[\nu]{a_\nu}$ existieren. Wenn*

$$\lim_{\nu\to\infty} \frac{a_{\nu+1}}{a_\nu} < 1 \quad bzw. \quad \lim_{\nu\to\infty} \sqrt[\nu]{a_\nu} < 1 \tag{2.16}$$

gilt, so konvergiert die Reihe; wenn

$$\lim_{\nu\to\infty} \frac{a_{\nu+1}}{a_\nu} > 1 \quad bzw. \quad \lim_{\nu\to\infty} \sqrt[\nu]{a_\nu} > 1$$

gilt, so divergiert die Reihe.

Bemerkungen: 1) Gilt $\lim\limits_{\nu\to\infty} \dfrac{a_{\nu+1}}{a_\nu} = 1$ bzw. $\lim\limits_{\nu\to\infty} \sqrt[\nu]{a_\nu} = 1$, so kann man weder auf Konvergenz noch auf Divergenz der Reihe schließen.

2) Die beiden Kriterien sind nicht gleichwertig. Aus der Existenz von $\lim\limits_{\nu\to\infty} \sqrt[\nu]{a_\nu}$ folgt die von $\lim\limits_{\nu\to\infty} \dfrac{a_{\nu+1}}{a_\nu}$ (und beide Grenzwerte stimmen überein), aber nicht um_

gekehrt, so daß das Wurzelkriterium weiter reicht (siehe dazu Beispiel 2.10). Allerdings läßt sich $\lim\limits_{\nu\to\infty}\dfrac{a_{\nu+1}}{a_\nu}$ oft leichter ermitteln als $\lim\limits_{\nu\to\infty}\sqrt[\nu]{a_\nu}$.

Beispiel 2.7: Für die Reihe $\sum\limits_{\nu=0}^{\infty}\dfrac{\nu!}{2^\nu(2\nu)!} = 1 + \dfrac{1}{2\cdot 2!} + \dfrac{2!}{4\cdot 4!} + \dfrac{3!}{8\cdot 6!} + \ldots$ ergibt sich

$$\frac{a_{\nu+1}}{a_\nu} = \frac{(\nu+1)!\,2^\nu\cdot(2\nu)!}{2^{\nu+1}(2\nu+2)!\,\nu!} = \frac{\nu+1}{2(2\nu+1)(2\nu+2)} = \frac{1}{4(2\nu+1)}.$$

Es ist $\dfrac{a_{\nu+1}}{a_\nu} \leqq \dfrac{1}{4}$ bzw. $\lim\limits_{\nu\to\infty}\dfrac{a_{\nu+1}}{a_\nu} = 0$. (2.14) bzw. die erste der Ungleichungen (2.16) ist somit erfüllt, die Reihe ist konvergent.

Beispiel 2.8: Für die Reihe $\sum\limits_{\nu=1}^{\infty}\left(\dfrac{2\nu+1}{3\nu-1}\right)^\nu = \dfrac{3}{2} + \left(\dfrac{5}{5}\right)^2 + \left(\dfrac{7}{8}\right)^3 + \left(\dfrac{9}{11}\right)^4 + \ldots$ ist

$\sqrt[\nu]{a_\nu} = \dfrac{2\nu+1}{3\nu-1}$. Es ist $\sqrt[\nu]{a_\nu} \leqq \dfrac{7}{8}$ für $\nu \geqq 3$ bzw. $\lim\limits_{\nu\to\infty}\sqrt[\nu]{a_\nu} = \dfrac{2}{3}$; die Reihe ist nach Satz 2.12 bzw. Satz 2.13 konvergent.

Beispiel 2.9: Für die Reihe $\sum\limits_{\nu=1}^{\infty}\dfrac{1}{(3\nu-2)(3\nu+1)} = \dfrac{1}{1\cdot 4} + \dfrac{1}{4\cdot 7} + \dfrac{1}{7\cdot 10} + \ldots$ ist

$\dfrac{a_{\nu+1}}{a_\nu} = \dfrac{(3\nu-2)(3\nu+1)}{(3\nu+1)(3\nu+4)} = \dfrac{3\nu-2}{3\nu+4} = 1 - \dfrac{6}{3\nu+4}$. Hier ist $\dfrac{a_{\nu+1}}{a_\nu} < 1$, jedoch

existiert keine Zahl $q < 1$ von der Art, daß $\dfrac{a_{\nu+1}}{a_\nu} \leqq q$ von einem ν an gilt, denn $\dfrac{6}{3\nu+4}$ wird mit wachsendem ν beliebig klein. Das Quotientenkriterium versagt also hier, und ebenso ist es mit dem Wurzelkriterium. Man kann allerdings – wie im Beispiel 2.3 – direkt über die Teilsummen zeigen, daß die Reihe mit der Summe $\tfrac{1}{3}$ konvergiert.

Beispiel 2.10: Für die Reihe $\dfrac{1}{2} + \dfrac{1}{3^2} + \dfrac{1}{2^3} + \dfrac{1}{3^4} + \dfrac{1}{2^5} + \dfrac{1}{3^6} + \ldots$

$$\left(a_{2\mu} = \frac{1}{3^{2\mu}},\ a_{2\mu-1} = \frac{1}{2^{2\mu-1}},\ \mu = 1, 2, 3, \ldots\right) \text{ ist}$$

$$\sqrt[\nu]{a_\nu} = \begin{cases} \dfrac{1}{3} & \text{für } \nu = 2\mu, \\[2mm] \dfrac{1}{2} & \text{für } \nu = 2\mu - 1, \end{cases}$$

so daß nach dem Wurzelkriterium auf Konvergenz der Reihe geschlossen werden kann. Dagegen ist

$$\frac{a_{\nu+1}}{a_\nu} = \begin{cases} \dfrac{1}{2}\left(\dfrac{3}{2}\right)^\nu & \text{für } \nu = 2\mu, \\[2mm] \dfrac{1}{3}\left(\dfrac{2}{3}\right)^\nu & \text{für } \nu = 2\mu - 1, \end{cases} \quad \text{also} \quad \frac{a_{\nu+1}}{a_\nu} \begin{cases} \geqq \dfrac{9}{8} & \text{für } \nu = 2\mu, \\[2mm] \leqq \dfrac{2}{9} & \text{für } \nu = 2\mu - 1. \end{cases}$$

Daher gibt es weder eine Zahl $q < 1$, so daß die Bedingung $\dfrac{a_{\nu+1}}{a_\nu} \leqq q$ für alle ν von einem gewissen an erfüllt ist, noch gilt $\dfrac{a_{\nu+1}}{a_\nu} \geqq 1$ von einem ν ab. Mit dem Quotientenkriterium ist also keine Aussage über die Konvergenz der Reihe möglich.

2.4.4. Das Integralkriterium

Das folgende Kriterium stellt einen Zusammenhang zwischen der Konvergenz einer unendlichen Reihe und eines uneigentlichen Integrals mit der oberen Grenze ∞ her (vgl. Band 2, 11.1.).

Satz 2.14 (*Integralkriterium*): *Wenn sich die Glieder einer Reihe* $\sum\limits_{v=1}^{\infty} a_v$ *mit positiven* **S. 2.14** *Gliedern als Funktionswerte* $a_v = f(v)$, $v = 1, 2, \ldots$, *einer im Intervall* $x \geqq 1$ *stetigen, monoton fallenden Funktion* $f(x)$ *darstellen lassen, so ist die Reihe genau dann konvergent, wenn das Integral* $\int\limits_{1}^{\infty} f(x)\,\mathrm{d}x$ *konvergiert.*

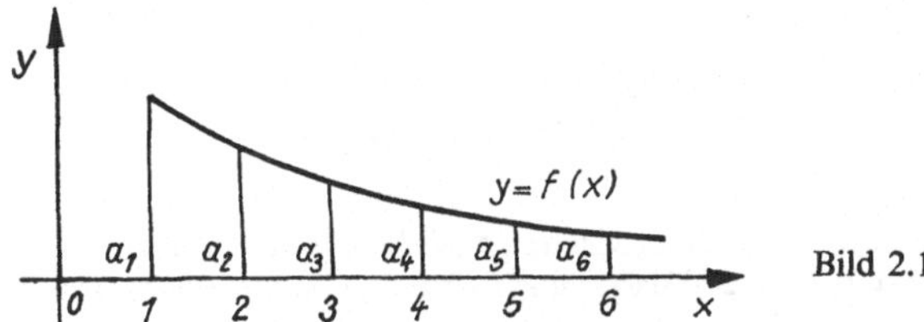

Bild 2.1

Bild 2.1 veranschaulicht die Voraussetzungen von Satz 2.14. Auf den Beweis sei verzichtet. Erwähnt sei nur, daß er gleichzeitig für die Summe s der Reihe $\sum\limits_{v=1}^{\infty} a_v$ die folgenden, im allgemeinen ziemlich groben Schranken liefert:

$$a_1 + \int\limits_{2}^{\infty} f(x)\,\mathrm{d}x \leqq s \leqq a_1 + \int\limits_{1}^{\infty} f(x)\,\mathrm{d}x. \tag{2.17}$$

Beispiel 2.11: Da die Funktionen $f(x) = \dfrac{1}{x^{\alpha}}$ für jedes $\alpha > 0$ im Intervall $1 \leqq x < \infty$ stetig und monoton fallend sind und $\int\limits_{1}^{\infty} \dfrac{\mathrm{d}x}{x^{\alpha}}$ für $\alpha > 1$ konvergiert (vgl. Band 2, 11.1.), folgt nach dem Integralkriterium, daß jede Reihe $\sum\limits_{v=1}^{\infty} \dfrac{1}{v^{\alpha}}$ mit $\alpha > 1$ konvergiert. Für $0 < \alpha \leqq 1$ dagegen divergiert $\int\limits_{1}^{\infty} \dfrac{\mathrm{d}x}{x^{\alpha}}$ und daher auch $\sum\limits_{v=1}^{\infty} \dfrac{1}{v^{\alpha}}$ (vgl. Beispiel 2.6).

Die Summe s der Reihe $\sum\limits_{v=1}^{\infty} \dfrac{1}{v^{2}}$ liegt nach (2.17) zwischen $1 + \int\limits_{2}^{\infty} \dfrac{\mathrm{d}x}{x^{2}}$ und $1 + \int\limits_{1}^{\infty} \dfrac{\mathrm{d}x}{x^{2}}$, also $\dfrac{3}{2} \leqq s \leqq 2$.

2.5. Ein Kriterium für alternierende Reihen

Unter den Reihen, deren Glieder nicht alle dasselbe Vorzeichen haben, spielen die alternierenden Reihen eine besondere Rolle. Man versteht darunter Reihen, bei denen je zwei aufeinanderfolgende Glieder entgegengesetzte Vorzeichen haben (es gilt also $a_\nu a_{\nu+1} < 0$ für $\nu = 0, 1, 2, \ldots$). Für solche Reihen ist schon seit langem das folgende einfache Konvergenzkriterium bekannt.

S. 2.15 **Satz 2.15** (*Leibnizsches Konvergenzkriterium*): *Eine alternierende Reihe* $\sum\limits_{\nu=0}^{\infty} a_\nu$ *ist konvergent, wenn die Folge* $\{|a_\nu|\}$ *– also die Folge der Absolutbeträge der Glieder – eine monotone Nullfolge ist.*

Beweis: Ohne Beschränkung der Allgemeinheit können wir $a_0 > 0$ annehmen, so daß $a_{2m} > 0$, $a_{2m+1} < 0$ für alle $m = 0, 1, 2, \ldots$ gilt. Da die Beträge $|a_\nu|$ mit wachsendem ν nicht zunehmen, ist also $a_{2m} + a_{2m+1} \geqq 0$, $a_{2m+1} + a_{2m+2} \leqq 0$, und somit folgt für die Teilsummen mit ungeradem bzw. geradem Index $s_{2m+1} = s_{2m-1} + (a_{2m} + a_{2m+1}) \geqq s_{2m-1}$, $s_{2m+2} = s_{2m} + (a_{2m+1} + a_{2m+2}) \leqq s_{2m}$. Das heißt, daß die Folge $\{s_{2m+1}\}$ monoton wächst, die Folge $\{s_{2m}\}$ monoton fällt. Da außerdem $s_{2m+1} = s_{2m} + a_{2m+1} < s_{2m}$ für alle m gilt, ist s_1 die kleinste, s_0 die größte aller Teilsummen: es gilt $s_1 \leqq s_n \leqq s_0$ für alle n (siehe Bild 2.2).

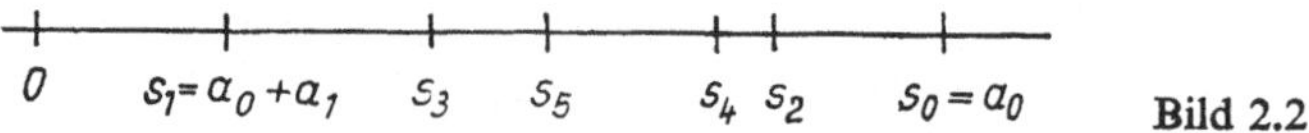

Bild 2.2

Die Folgen $\{s_{2m+1}\}$, $\{s_{2m}\}$ sind also nicht nur monoton, sondern auch beschränkt. Daher konvergieren sie: $\lim\limits_{m\to\infty} s_{2m+1} = s'$, $\lim\limits_{m\to\infty} s_{2m} = s''$. Weil $\{|a_\nu|\}$ und damit auch $\{a_\nu\}$ eine Nullfolge sein soll, ist $s' - s'' = \lim\limits_{m\to\infty} (s_{2m+1} - s_{2m}) = \lim\limits_{m\to\infty} a_{2m+1} = 0$, also $s' = s''$; beide betrachteten Teilsummenfolgen streben gegen den gleichen Grenzwert. Daher existiert auch $\lim\limits_{n\to\infty} s_n = s = s' = s''$, d. h., die Reihe $\sum\limits_{\nu=0}^{\infty} a_\nu$ konvergiert mit der Summe s. $\blacksquare$

Zusatzbemerkung zu Satz 2.15: Unter den Voraussetzungen von Satz 2.15 genügt der Betrag des n-ten Reihenrests der alternierenden Reihe der Abschätzung $|r_n| < |a_{n+1}|$, und r_n hat dasselbe Vorzeichen wie a_{n+1}. Ersetzt man also die Reihensumme durch eine Teilsumme der Reihe, so hat der Fehler das gleiche Vorzeichen wie das erste vernachlässigte Glied der Reihe und ist dem Betrag nach kleiner als der Betrag dieses Gliedes. Anders gesagt: die Reihensumme liegt stets zwischen zwei aufeinanderfolgenden Teilsummen.

Wir zeigen das für ungerades n, $n = 2m - 1$ (für gerades n verläuft alles analog).

Wegen (2.7), (2.9) ist $r_{2m-1} = a_{2m} + a_{2m+1} + a_{2m+2} + \ldots$, oder, da man nach Satz 2.3 in beliebiger Weise Klammern setzen darf,

$$r_{2m-1} = (a_{2m} + a_{2m+1}) + (a_{2m+2} + a_{2m+3}) + \ldots = a_{2m} + (a_{2m+1} + a_{2m+2}) + \ldots.$$

Die Klammern in der ersten Darstellung sind alle nicht-negativ, in der zweiten alle nicht-positiv (siehe obigen Beweis), und wegen $\lim\limits_{\nu\to\infty} a_\nu = 0$ sind nicht alle gleich 0.

Daher ist $0 < r_{2m-1} < a_{2m}$, also gilt $|r_{2m-1}| < |a_{2m}|$, und r_{2m-1} ist wie a_{2m} positiv. Die vorletzte Ungleichung können wir infolge $r_{2m-1} = s - s_{2m-1}$ auch in der Form $s_{2m-1} < s < s_{2m-1} + a_{2m} = s_{2m}$ schreiben, d. h., s liegt zwischen s_{2m-1} und s_{2m}.

Beispiel 2.12: Die Reihe $\sum\limits_{\nu=1}^{\infty} (-1)^{\nu-1} \dfrac{1}{\nu} = 1 - \dfrac{1}{2} + \dfrac{1}{3} - \dfrac{1}{4} + \ldots$ ist konvergent, da $\left\{\dfrac{1}{\nu}\right\}$ eine monotone Nullfolge ist. Ihre Summe ist $\ln 2$ (siehe 4.3.2., Formel (4.14)).

Beispiel 2.13: Die als Leibnizsche Reihe bekannte Reihe

$$\sum\limits_{\nu=1}^{\infty} (-1)^{\nu-1} \frac{1}{2\nu - 1} = 1 - \frac{1}{3} + \frac{1}{5} - \frac{1}{7} + \ldots$$

ist konvergent, da $\left\{\dfrac{1}{2\nu - 1}\right\}$ monoton gegen 0 strebt. Ihre Summe ist $\dfrac{\pi}{4}$ (siehe 4.3.2.).

Die Reihen in beiden Beispielen konvergieren sehr langsam, d. h., die Beträge der Glieder nehmen langsam ab, und man benötigt eine Teilsumme mit sehr vielen Gliedern, um durch sie die Reihensumme einigermaßen brauchbar anzunähern. Nimmt man z. B. nur 5 bzw. 6 Glieder, erhält man in Beispiel 2.13 wegen $s_5 = 0{,}83\ldots$, $s_6 = 0{,}74\ldots$ auf Grund obiger Zusatzbemerkung lediglich das Ergebnis, daß die Reihensumme s zwischen 0,74 und 0,84 liegt. Sogar wenn man 50 Glieder heranzieht, unterscheiden sich die Schranken für s etwa um 0,01, so daß die zweite Dezimale von s noch unsicher bleibt. Deshalb ist die Leibnizsche Reihe zur praktischen Berechnung ihrer Summe nicht geeignet.

Beispiel 2.14: Die Reihe $\displaystyle\sum_{\nu=1}^{\infty} (-1)^{\nu-1} \dfrac{1}{(2\nu - 1)^3}$ erfüllt die Voraussetzungen des Leibnizschen Konvergenzkriteriums und ist daher konvergent. Für die Teilsummen s_5 und s_6 erhält man auf vier Dezimalen genau $s_5 = 0{,}9694$, $s_6 = 0{,}9687$. Nach der Zusatzbemerkung zu Satz 2.15 ist daher die Reihensumme auf drei Dezimalen genau gleich 0,969 (der exakte Wert ist $\dfrac{\pi^3}{32} \approx 0{,}96895$; siehe dazu Beispiel 5.5).

2.6. Absolute Konvergenz

Für den Fall, daß die Glieder einer Reihe nicht alle (bis auf eventuell endlich viele Ausnahmen) dasselbe Vorzeichen haben und die Reihe nicht alterniert, stehen keine speziellen Konvergenzkriterien zur Verfügung. Hier wird man im allgemeinen versuchen festzustellen, ob die Reihe absolut konvergiert.

Definition 2.3: *Eine Reihe $\displaystyle\sum_{\nu=0}^{\infty} a_\nu$ heißt absolut konvergent, wenn die (aus den absoluten*   **D. 2.3**
Beträgen ihrer Glieder gebildete) Reihe $\displaystyle\sum_{\nu=0}^{\infty} |a_\nu|$ konvergiert.

Beispiel 2.15: Die Reihe $\displaystyle\sum_{\nu=1}^{\infty} (-1)^{\nu-1} \dfrac{1}{\nu}$ konvergiert, während die Reihe aus ihren Beträgen, $\displaystyle\sum_{\nu=1}^{\infty} \dfrac{1}{\nu}$, divergiert (siehe Beispiele 2.12 und 2.4). Dagegen ist sowohl die Reihe $\displaystyle\sum_{\nu=0}^{\infty} \left(-\dfrac{1}{3}\right)^{\nu}$ als auch die Reihe $\displaystyle\sum_{\nu=0}^{\infty} \left(\dfrac{1}{3}\right)^{\nu}$ $\left(\text{als geometrische Reihen mit } q = -\dfrac{1}{3}\right.$ bzw. $\left. q = \dfrac{1}{3}\right)$ konvergent. Daher ist $\displaystyle\sum_{\nu=0}^{\infty} \left(-\dfrac{1}{3}\right)^{\nu}$ eine absolut konvergente Reihe, während $\displaystyle\sum_{\nu=1}^{\infty} (-1)^{\nu-1} \dfrac{1}{\nu}$ nicht absolut konvergiert.

Satz 2.16: *Eine Reihe $\displaystyle\sum_{\nu=0}^{\infty} a_\nu$ konvergiert, wenn sie absolut konvergent ist.*   **S. 2.16**

Beweis: Bei absoluter Konvergenz existiert nach Satz 2.6 zu jedem $\varepsilon > 0$ eine Zahl $N(\varepsilon)$ mit $|a_{n+1}| + |a_{n+2}| + \ldots + |a_{n+p}| < \varepsilon$ für alle $n > N(\varepsilon)$ und für jedes $p \geq 1$. Wegen der verallgemeinerten Dreiecksungleichung $|a_{n+1} + a_{n+2} + \ldots + a_{n+p}| \leq |a_{n+1}| + |a_{n+2}| + \ldots + |a_{n+p}|$ wird für diese n und p auch die linke Seite der Ungleichung kleiner als ε, woraus, wiederum nach Satz 2.6, die Konvergenz der Reihe $\displaystyle\sum_{\nu=0}^{\infty} a_\nu$ folgt. ∎

Eine Reihe $\sum\limits_{\nu=0}^{\infty} a_\nu$ mit Gliedern beliebigen Vorzeichens kann also auf Konvergenz untersucht werden, indem man die Konvergenzkriterien aus 2.4 auf $\sum\limits_{\nu=0}^{\infty} |a_\nu|$ anwendet. So ergeben sich insbesondere folgende Sätze:

S. 2.9a **Satz 2.9a** *(Majorantenkriterium): Eine Reihe* $\sum\limits_{\nu=0}^{\infty} a_\nu$ *ist (absolut) konvergent, wenn zwischen ihren Gliedern und den Gliedern einer als konvergent bekannten Reihe* $\sum\limits_{\nu=0}^{\infty} b_\nu$ *mit positiven Gliedern von einem gewissen ν an die Beziehung $|a_\nu| \leqq b_\nu$ gilt.*

S. 2.13a **Satz 2.13a** *(Quotienten- bzw. Wurzelkriterium in Limesform): Für eine Reihe* $\sum\limits_{\nu=0}^{\infty} a_\nu$ *möge $\lim\limits_{\nu\to\infty} \left| \dfrac{a_{\nu+1}}{a_\nu} \right|$ bzw. $\lim\limits_{\nu\to\infty} \sqrt[\nu]{|a_\nu|}$ existieren. Wenn*

$$\lim_{\nu\to\infty} \left| \frac{a_{\nu+1}}{a_\nu} \right| < 1 \quad bzw. \quad \lim_{\nu\to\infty} \sqrt[\nu]{|a_\nu|} < 1 \tag{2.18}$$

gilt, so konvergiert die Reihe (absolut); wenn $\lim\limits_{\nu\to\infty} \left| \dfrac{a_{\nu+1}}{a_\nu} \right| > 1$ *bzw.* $\lim\limits_{\nu\to\infty} \sqrt[\nu]{|a_\nu|} > 1$ *gilt, so divergiert die Reihe.*

Die absolute Konvergenz einer Reihe ist eine Eigenschaft, die für das Rechnen mit der Reihe wesentliche Konsequenzen hat. Darauf wird in den nächsten beiden Unterabschnitten eingegangen.

2.7. Umordnung von Reihen

Eine absolut konvergente Reihe verhält sich grundsätzlich anders als eine nichtabsolut konvergente Reihe in bezug auf die Umordnung ihrer Glieder. Unter der Umordnung der Glieder einer Reihe $\sum\limits_{\nu=0}^{\infty} a_\nu$ versteht man die Herstellung einer neuen Reihe $\sum\limits_{k=0}^{\infty} b_k$, die alle Glieder a_ν in einer beliebigen anderen Reihenfolge enthält, wobei jedes b_k mit genau einem a_ν übereinstimmt.

Das folgende Beispiel zeigt, wie sich die Umordnung der Glieder einer konvergenten Reihe auf deren Summe auswirken kann.

Beispiel 2.16: Die Reihe $\sum\limits_{\nu=1}^{\infty} (-1)^{\nu-1} \dfrac{1}{\nu}$ ist konvergent (siehe Beispiel 2.12); ihre Summe sei mit s bezeichnet (wegen der Zusatzbemerkung zu Satz 2.15 gilt sicher $s \neq 0$). Die aus ihr durch Multiplikation mit dem Faktor $\frac{1}{2}$ entstehende Reihe hat dann nach Satz 2.4 die Summe $\frac{1}{2}s$. Aus

$$1 - \frac{1}{2} + \frac{1}{3} - \frac{1}{4} + \frac{1}{5} - \frac{1}{6} + \frac{1}{7} - \frac{1}{8} + \frac{1}{9} - \ldots = s \quad \text{und}$$

$$0 + \frac{1}{2} + 0 - \frac{1}{4} + 0 + \frac{1}{6} + 0 - \frac{1}{8} + 0 + \ldots = \frac{1}{2}s$$

ergibt sich durch Addition nach Satz 2.5

$$1 + \frac{1}{3} = \frac{1}{2} + \frac{1}{5} + \frac{1}{7} - \frac{1}{4} + \frac{1}{9} + \ldots = \frac{3}{2}s.$$

Die links stehende Reihe entsteht durch Umordnung der Glieder der Reihe, von der wir ausgegangen waren (der Leser mache sich das klar!), sie hat aber eine andere

Summe als jene. Die Reihensumme hängt also davon ab, wie die Glieder aufeinander-
folgen (im Gegensatz zu einer „echten" Summe aus endlichen vielen Zahlen, für die
das Kommutativgesetz gilt).

Definition 2.4: *Eine konvergente Reihe $\sum\limits_{\nu=0}^{\infty} a_\nu$ mit der Eigenschaft, daß jede Reihe $\sum\limits_{\nu=0}^{\infty} b_\nu$,*   **D. 2.4**
die durch Umordnung der Glieder der Reihe $\sum\limits_{\nu=0}^{\infty} a_\nu$ entsteht, wieder konvergiert und die
gleiche Summe wie diese hat, heißt unbedingt konvergent. Eine konvergente Reihe, die
diese Eigenschaft nicht hat, heißt bedingt konvergent.

Die Reihe in Beispiel 2.16 ist also bedingt konvergent. Wir stellen nun einige
Eigenschaften bedingt bzw. unbedingt konvergenter Reihen zusammen, aus denen
hervorgeht, daß ein Verhalten wie in Beispiel 2.16 nur bei nicht-absolut konvergenten
Reihen eintritt.

Satz 2.17: *Eine absolut konvergente unendliche Reihe ist unbedingt konvergent.*   **S. 2.17**

Satz 2.18: *Wenn eine Reihe $\sum\limits_{\nu=0}^{\infty} a_\nu$ bedingt konvergiert, so ist sowohl die aus den positiven*   **S. 2.18**
Gliedern gebildete als auch die aus den negativen Gliedern gebildete Reihe divergent.

Satz 2.19: *Wenn eine Reihe nicht-absolut konvergiert, so ist sie bedingt konvergent.*   **S. 2.19**

Anders formuliert heißt das, daß jede unbedingt konvergente Reihe auch absolut
konvergiert. In Verbindung mit Satz 2.17 erkennt man also, daß die Begriffe „absolut
konvergent" und „unbedingt konvergent" den gleichen Umfang haben.

Satz 2.20 (*Umordnungssatz von Riemann*): *Wenn eine Reihe $\sum\limits_{\nu=0}^{\infty} a_\nu$ bedingt konvergiert,*   **S. 2.20**
so kann man durch Umordnung ihrer Glieder eine konvergente Reihe erhalten, die eine
beliebige Zahl s zur Summe hat. Ferner kann man auch so umordnen, daß man eine
gegen $+\infty$ bzw. $-\infty$ divergierende Reihe erhält.

2.8.   Multiplikation von Reihen

In 2.1. wurde gezeigt, daß man zwei konvergente Reihen gliedweise addieren und
subtrahieren darf. Wir wollen nun eine Vorschrift für die Multiplikation zweier kon-
vergenter Reihen $\sum\limits_{\nu=0}^{\infty} a_\nu$ und $\sum\limits_{\nu=0}^{\infty} b_\nu$ entwickeln und lassen uns dabei einmal von der
Multiplikation zweier endlicher Summen leiten. Dann hätten wir jedes Glied der
ersten mit jedem Glied der zweiten Reihe zu multiplizieren. Alle dabei entstehenden
Produkte sind in nachstehender unendlicher Matrix enthalten:

$$
\begin{bmatrix}
a_0 b_0 & a_0 b_1 & a_0 b_2 & a_0 b_3 & \cdots \\
a_1 b_0 & a_1 b_1 & a_1 b_2 & a_1 b_3 & \cdots \\
a_2 b_0 & a_2 b_1 & a_2 b_2 & a_2 b_3 & \cdots \\
a_3 b_0 & a_3 b_1 & a_3 b_2 & a_3 b_3 & \cdots \\
\vdots & \vdots & \vdots & \vdots &
\end{bmatrix}
$$

Die Elemente dieser Matrix können in verschiedener Weise als Glieder c_n der „Produktreihe" angeordnet werden. Es erweist sich als zweckmäßig, jeweils Summen aus mehreren Elementen der Matrix zu einem Glied zusammenzufassen, beispielsweise die Summen aller Elemente, die in einer (durch Pfeile angedeuteten) Diagonalen stehen. Dann wird

$$c_0 = a_0 b_0, \quad c_1 = a_0 b_1 + a_1 b_0, \quad c_2 = a_0 b_2 + a_1 b_1 + a_2 b_0,$$

allgemein

$$c_n = \sum_{\nu=0}^{n} a_\nu b_{n-\nu}, \quad n = 0, 1, 2, \ldots \tag{2.19}$$

(die Indexsumme in jedem Summanden von c_n ist gleich n).

Es bleibt zu fragen, unter welchen Voraussetzungen die Reihe $\sum_{n=0}^{\infty} c_n$ konvergiert und ob es überhaupt sinnvoll ist, sie als Produktreihe der Reihen $\sum_{\nu=0}^{\infty} a_\nu$ und $\sum_{\nu=0}^{\infty} b_\nu$ anzusprechen. Die Antwort gibt der folgende Satz.

S. 2.21 **Satz 2.21:** *Es seien $\sum_{\nu=0}^{\infty} a_\nu$, $\sum_{\nu=0}^{\infty} b_\nu$ zwei absolut konvergente Reihen mit den Summen s, t.*

Dann konvergiert die Reihe $\sum_{n=0}^{\infty} c_n$ mit c_n nach (2.19) absolut und hat die Summe st.

Da die Reihe $\sum_{n=0}^{\infty} c_n$ die Summe st hat, ist es tatsächlich sinnvoll, sie die Produktreihe aus den beiden gegebenen Reihen zu nennen. Die Produktreihe mit dem allgemeinen Glied c_n nach (2.19) nennt man auch Cauchysches Produkt der Reihen $\sum_{\nu=0}^{\infty} a_\nu$ und $\sum_{\nu=0}^{\infty} b_\nu$. Die Behauptung des Satzes gilt sogar allgemeiner für jede Reihe $\sum_{n=0}^{\infty} c_n$, deren Glieder durch eine beliebige Anordnung der Elemente der oben angegebenen unendlichen Matrix entstehen. Die Bevorzugung des Cauchyschen Produkts erklärt sich aus seiner Sonderstellung bei der Multiplikation zweier Potenzreihen.

Aufgaben:

* *Aufgabe 2.1:* Zeigen Sie für folgende Reihen an Hand der Definition, daß sie konvergieren, und bestimmen Sie ihre Summe!

$$\text{a) } \sum_{\nu=1}^{\infty} \frac{1}{(2\nu - 1)(2\nu + 1)}, \quad \text{b) } \sum_{\nu=1}^{\infty} \frac{2\nu - 1}{2^\nu}.$$

* *Aufgabe 2.2:* Untersuchen Sie das Konvergenzverhalten folgender Reihen mit Hilfe des Majoranten- bzw. Minorantenkriteriums!

$$\text{a) } \sum_{\nu=0}^{\infty} \frac{1}{\nu^2 + 1}, \quad \text{b) } \sum_{\nu=1}^{\infty} \frac{1}{\sqrt{\nu(\nu + 1)}}, \quad \text{c) } \sum_{\nu=2}^{\infty} \frac{1}{\ln \nu}, \quad \text{d) } \sum_{\nu=1}^{\infty} \frac{\nu!}{\nu^\nu},$$

$$\text{e) } \sum_{\nu=1}^{\infty} \frac{\nu}{1 + \nu^4}, \quad \text{f) } \sum_{\nu=1}^{\infty} \frac{1}{\sqrt[3]{\nu^2 - 2}}$$

Aufgabe 2.3: Stellen Sie mit dem Quotientenkriterium fest, ob folgende Reihen kon- *
vergieren oder divergieren!

a) $\sum\limits_{\nu=1}^{\infty} \dfrac{\nu}{3^{\nu}}$, b) $\sum\limits_{\nu=1}^{\infty} \dfrac{2^{\nu}}{\nu}$, c) $\sum\limits_{\nu=0}^{\infty} \dfrac{(\nu!)^2}{(2\nu)!}$, d) $\sum\limits_{\nu=1}^{\infty} \dfrac{\nu^2}{\sqrt{\nu!}}$,

e) $\sum\limits_{\nu=1}^{\infty} \dfrac{\sqrt{\nu^{\nu}}}{\nu!}$, f) $\sum\limits_{\nu=1}^{\infty} \dfrac{2^{\nu}\nu!}{\nu^{\nu}}$, g) $\sum\limits_{\nu=1}^{\infty} \dfrac{3^{\nu}\nu!}{\nu^{\nu}}$,

h) $\sum\limits_{\nu=0}^{\infty} \dfrac{10 \cdot 11 \ldots (10 + \nu)}{1 \cdot 3 \ldots (2\nu + 1)}$.

Aufgabe 2.4: Stellen Sie mit dem Wurzelkriterium die Konvergenz bzw. Divergenz *
folgender Reihen fest!

a) $\sum\limits_{\nu=1}^{\infty} \dfrac{\nu}{3^{\nu}}$, b) $\sum\limits_{\nu=1}^{\infty} \dfrac{1}{\nu^{\nu}}$, c) $\sum\limits_{\nu=0}^{\infty} \dfrac{2^{\nu}}{1 + 2^{2\nu}}$, d) $\sum\limits_{\nu=1}^{\infty} \dfrac{\nu}{\left(3 - \dfrac{1}{\nu}\right)^{\nu}}$,

e) $\sum\limits_{\nu=1}^{\infty} \nu^{\nu} \sin^{\nu} \dfrac{2}{\nu}$, f) $\sum\limits_{\nu=1}^{\infty} \dfrac{\nu^2}{2^{\nu} + 3^{\nu}}$.

Aufgabe 2.5: Verwenden Sie das Integralkriterium zur Konvergenzuntersuchung fol- *
gender Reihen!

a) $\sum\limits_{\nu=1}^{\infty} \dfrac{1}{1 + \nu^2}$, b) $\sum\limits_{\nu=1}^{\infty} \dfrac{\nu}{(\nu + 1)^3}$, c) $\sum\limits_{\nu=2}^{\infty} \dfrac{1}{\nu \ln \nu}$,

d) $\sum\limits_{\nu=2}^{\infty} \dfrac{1}{\nu (\ln \nu)^2}$, e) $\sum\limits_{\nu=1}^{\infty} \dfrac{1}{\sqrt{4\nu + 1}}$, f) $\sum\limits_{\nu=1}^{\infty} \dfrac{\nu}{1 + \nu^2}$.

Aufgabe 2.6: Weisen Sie mit dem Leibnizschen Konvergenzkriterium die Konvergenz *
der folgenden alternierenden Reihen nach!

a) $\sum\limits_{\nu=0}^{\infty} \dfrac{(-1)^{\nu}}{3\nu + 1}$, b) $\sum\limits_{\nu=1}^{\infty} \dfrac{(-1)^{\nu}}{\sqrt{\nu(\nu + 1)}}$, c) $\sum\limits_{\nu=0}^{\infty} \dfrac{(-1)^{\nu}}{1 + 3^{\nu}}$,

d) $\sum\limits_{\nu=0}^{\infty} (-1)^{\nu} \dfrac{\nu + 1}{2^{\nu}}$.

Aufgabe 2.7: Untersuchen Sie, ob folgende Reihen absolut oder nicht-absolut kon- *
vergieren!

a) $\sum\limits_{\nu=2}^{\infty} \dfrac{(-1)^{\nu}}{\ln \nu}$, b) $\sum\limits_{\nu=1}^{\infty} (-1)^{\nu} \dfrac{2\nu + 1}{\nu(\nu + 1)}$, c) $\sum\limits_{\nu=0}^{\infty} \dfrac{(-1)^{\nu}}{\nu^2 + 1}$,

d) $\sum\limits_{\nu=1}^{\infty} \dfrac{(-1)^{\nu}}{\sqrt{\nu}}$,

e) $\sum\limits_{\nu=0}^{\infty} (-1)^{\left[\frac{2\nu}{3}\right]} \dfrac{1}{3^{\nu}} = 1 + \dfrac{1}{3} - \dfrac{1}{9} + \dfrac{1}{27} + \dfrac{1}{81} - \dfrac{1}{243} + \dfrac{1}{729} + \ldots$

($[\alpha]$ bezeichnet die größte ganze Zahl $\leq \alpha$).

3. Funktionenreihen

3.1. Grundbegriffe

Im Abschnitt 2. betrachteten wir unendliche Reihen mit konstanten Gliedern, also Reihen, deren Glieder reelle Zahlen sind. Wir wollen jetzt allgemeiner reelle Funktionen einer reellen Variablen als Reihenglieder zulassen.

D. 3.1 **Definition 3.1:** *Eine Folge* $\{f_\nu(x)\}$, $\nu = 0, 1, 2, \ldots$, *bzw. eine Reihe* $\sum\limits_{\nu=0}^{\infty} f_\nu(x)$, *deren Glieder* $f_\nu(x)$ *(reelle) Funktionen einer (reellen) Variablen* x *sind, die alle auf einer gewissen Menge* X *definiert sind, heißt eine Funktionenfolge bzw. eine Funktionenreihe.*

Die Funktionenreihen, insbesondere ihre wichtigsten Vertreter, die Potenz- und Fourierreihen, haben eine große praktische Bedeutung. Das geht aus den Abschnitten 4. und 5. näher hervor. Als erstes Beispiel einer Funktionenreihe können wir wieder die geometrische Reihe $\sum\limits_{\nu=0}^{\infty} q^\nu$ (siehe Beispiel 2.1) betrachten, wobei wir jetzt q nicht als eine fest vorgegebene reelle Zahl, sondern als Variable auffassen; zur besseren Hervorhebung dessen schreiben wir $\sum\limits_{\nu=0}^{\infty} x^\nu$.

Setzt man in allen Gliedern einer Funktionenreihe für x eine Zahl $x_0 \in X$ ein, so erhält man die Reihe $\sum\limits_{\nu=0}^{\infty} f_\nu(x_0)$, die konstante Glieder hat. Wenn sie konvergiert (bzw. divergiert), sagt man, daß die Funktionenreihe $\sum\limits_{\nu=0}^{\infty} f_\nu(x)$ in x_0 konvergiert (bzw. divergiert).

D. 3.2 **Definition 3.2:** *Die Menge* M *aller* $x \in X$, *für die eine Funktionenreihe* $\sum\limits_{\nu=0}^{\infty} f_\nu(x)$ *konvergiert, heißt ihr Konvergenzbereich.*

Für jedes feste $x \in M$ existiert also eine Zahl $s(x)$ mit

$$\lim_{n \to \infty} s_n(x) = \lim_{n \to \infty} \sum_{\nu=0}^{n} f_\nu(x) = s(x).$$

Das heißt aber, daß die Summe einer Funktionenreihe eine in M definierte Funktion $s(x)$ ist. Man nennt sie Summenfunktion (auch kurz: Summe) der Funktionenreihe.

So besagen die Ergebnisse aus Beispiel 2.1, daß die geometrische Reihe $\sum\limits_{\nu=0}^{\infty} x^\nu$ im Intervall $(-1, 1)$ konvergiert und dort die Summenfunktion $s(x) = \dfrac{1}{1 - x}$ hat. Im allgemeinen kann man aber nicht erwarten, daß die Summenfunktion $s(x)$ einer in einem Intervall M konvergenten Funktionenreihe eine e l e m e n t a r e Funktion ist. Stets aber wird durch die Reihe eine Funktion $s(x)$ in M definiert.

Beispiel 3.1: Die Reihe $\sum\limits_{\nu=1}^{\infty} \dfrac{1}{\nu^x}$ ist, wie aus den Beispielen 2.6 und 2.11 hervorgeht, für alle $x > 1$ konvergent und für alle $x \leq 1$ divergent. Die Summe der Reihe im Intervall $M = (1, \infty)$ ist unter dem Namen Riemannsche Zetafunktion $\zeta(x)$ bekannt.

Beispiel 3.2: Die Reihe $\sum\limits_{\nu=0}^{\infty} \dfrac{x^{\nu}}{\nu!}$ ist für jedes x konvergent. Für jedes feste x ist nämlich

$$\lim_{\nu \to \infty} \left[\frac{|x|^{\nu+1}}{(\nu+1)!} : \frac{|x|^{\nu}}{\nu!} \right] = |x| \lim_{\nu \to \infty} \frac{1}{\nu+1} = 0,$$

und daraus folgt nach dem Quotientenkriterium die Konvergenz. Es ist $s(x) = e^x$ [siehe (4.11)].

Beispiel 3.3: Für die Glieder der Reihe $\sum\limits_{\nu=2}^{\infty} \dfrac{1}{\nu + \cos \nu x}$ gilt wegen $\cos \nu x \leqq 1$ für alle x
$\dfrac{1}{\nu + \cos \nu x} \geqq \dfrac{1}{\nu+1}$, so daß, welchen Wert x auch hat, die Reihe $\sum\limits_{\nu=2}^{\infty} \dfrac{1}{\nu+1}$
$= \sum\limits_{\nu=3}^{\infty} \dfrac{1}{\nu}$ eine Minorante zur Reihe $\sum\limits_{\nu=2}^{\infty} \dfrac{1}{\nu + \cos \nu x}$ ist. Nach Satz 2.10 ist diese Reihe
daher für kein x konvergent.

3.2.   Der Begriff der gleichmäßigen Konvergenz

Wenn eine Funktionenreihe $\sum\limits_{\nu=0}^{\infty} f_\nu(x)$ für alle x aus einem Intervall I konvergiert und die Summe $s(x)$ hat, so gibt es nach Definition der Konvergenz für alle $x \in I$ und für jedes $\varepsilon > 0$ eine natürliche Zahl N, so daß

$$|s(x) - s_n(x)| < \varepsilon \tag{3.1}$$

für alle $n > N$ gilt. Dabei ist N im allgemeinen eine Funktion von ε und von x: $N = N(\varepsilon, x)$, d. h., daß (3.1) bei fest vorgegebenem ε zwar für jedes $x \in I$ erfüllbar ist, sobald $n > N$ ist, N jedoch im allgemeinen für verschiedene x unterschiedlich groß ausfällt.

Wir betrachten hierzu als Beispiel die Reihe $\sum\limits_{\nu=0}^{\infty} x^2(1 - x^2)^\nu$ im Intervall $[-1, 1]$. Die Funktionen $f_\nu(x) = x^2(1 - x^2)^\nu$ sind in diesem Intervall definiert und stetig. Für $x = 0$ ist $f_\nu(0) = 0$ für alle ν und somit die Reihe konvergent mit $s(0) = 0$. Für $0 < |x| \leqq 1$ ist $\sum\limits_{\nu=0}^{\infty} (1 - x^2)^\nu$ wegen $0 \leqq 1 - x^2 < 1$ eine konvergente geometrische Reihe mit der Summe $\dfrac{1}{1 - (1 - x^2)} = \dfrac{1}{x^2}$; daher konvergiert unsere Beispielreihe für diese x ebenfalls und hat die Summe $s(x) = 1$. Die Reihe ist also im gesamten betrachteten Intervall konvergent und hat dort die unstetige Summenfunktion

$$s(x) = \begin{cases} 1 & \text{für } 0 < |x| \leqq 1, \\ 0 & \text{für } x = 0. \end{cases}$$

Wir untersuchen nun, für welche n (3.1) erfüllt ist. Da es uns darauf ankomm zu zeigen, wie x die Zahl N beeinflußt, denken wir uns ε fest gewählt; jedoch sei $\varepsilon < 1$. Für $x = 0$ ist (3.1) wegen $s(x) - s_n(x) = 0$ stets erfüllt. Für $|x| \leqq 1, x \neq 0$ ist

$$s_n(x) = x^2 \sum_{\nu=0}^{n} (1 - x^2)^\nu = x^2 \frac{1 - (1 - x^2)^{n+1}}{1 - (1 - x^2)} = 1 - (1 - x^2)^{n+1}.$$

Die Ungleichung (3.1),

$$|s(x) - s_n(x)| = (1 - x^2)^{n+1} < \varepsilon,$$

ist für $x = \pm 1$ für alle n erfüllt, und für $0 < |x| < 1$ dann und nur dann, wenn

$(n + 1)\ln(1 - x^2) < \ln \varepsilon$, d.h., wegen $0 < 1 - x^2 < 1$, wenn $n + 1 > \dfrac{\ln \varepsilon}{\ln(1 - x^2)}$ gilt.

Als N kann daher die größte ganze Zahl dienen, die kleiner oder gleich $\dfrac{\ln \varepsilon}{\ln(1 - x^2)} - 1$ ist. Dieses N ist offenbar eine Funktion von ε und x.

Nun könnte man aber doch zunächst annehmen, daß es unter allen diesen Zahlen $N(\varepsilon, x)$ eine genügend große, von x nicht mehr abhängige Zahl $N^*(\varepsilon)$ von der Art gibt, daß (3.1) für alle x aus dem Intervall $[-1, +1]$ gilt, wenn $n > N^*(\varepsilon)$ ist. Das ist aber in unserem Beispiel nicht der Fall. Je näher nämlich x bei 0 liegt, desto größer ist $N(\varepsilon, x)$, und mit der Annäherung $x \to 0$ wird $N(\varepsilon, x)$ beliebig groß, so daß es keine solche Zahl $N^*(\varepsilon)$ gibt. Die Abhängigkeit der Zahl N von x läßt sich nicht beseitigen. Das ist auch unmittelbar der Ungleichung $(1 - x^2)^{n+1} < \varepsilon$ zu entnehmen. Wenn diese (bei festem ε) für irgendeine Zahl $x = x_1$ und für alle $n > N(\varepsilon, x_1)$ erfüllt ist, kann man stets eine Zahl x_2 (mit $|x_2| < |x_1|$) bestimmen, so daß $(1 - x_2^2)^{n+1} > \varepsilon$ für gewisse $n > N(\varepsilon, x_1)$ ausfällt.

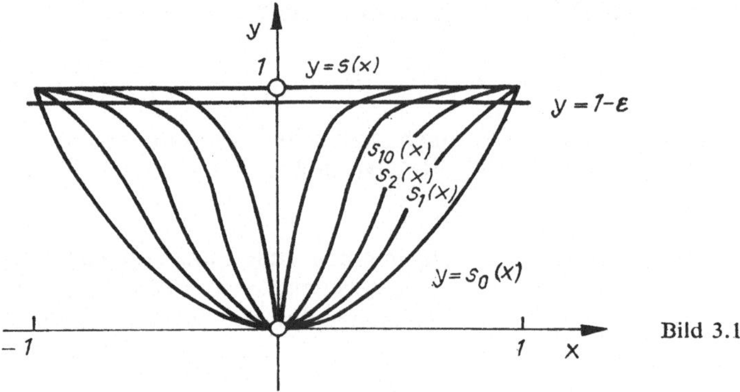

Bild 3.1

Das Gesagte wird in Bild 3.1 veranschaulicht. Für jedes $x \neq 0$ gilt – bei beliebig gewähltem, positivem $\varepsilon < 1$ – von einem gewissen n an $0 \leq 1 - s_n(x) < \varepsilon$, d. h., die Kurven $y = s_n(x)$ verlaufen von diesem n an innerhalb des Streifens $1 - \varepsilon < y \leq 1$. Je näher x bei 0 liegt, desto größer ist die Zahl n, von welcher an das eintritt. Keine der Kurven $y = s_n(x)$ ist so beschaffen, daß sie für alle $x \neq 0$ in diesem Streifen verbleibt.

Durch die folgende Definition heben wir nun diejenigen konvergenten Funktionenreihen, für die es – im Unterschied zum eben betrachteten Beispiel – doch eine Zahl $N^*(\varepsilon)$ der genannten Art gibt, besonders heraus.

D. 3.3 **Definition 3.3:** *Eine Funktionenreihe $\sum\limits_{\nu=0}^{\infty} f_\nu(x)$ heißt in einem Intervall I gleichmäßig konvergent mit der Summenfunktion $s(x)$, wenn zu jedem $\varepsilon > 0$ eine von x unabhängige natürliche Zahl $N^*(\varepsilon)$ existiert, so daß $|s(x) - s_n(x)| < \varepsilon$ für alle $n > N^*(\varepsilon)$ und für jedes $x \in I$ gilt. Eine konvergente Funktionenreihe, die in I nicht gleichmäßig konvergiert, nennt man ungleichmäßig konvergent in I.*

Eine in I gleichmäßig konvergente Reihe ist in I offenbar auch im gewöhnlichen Sinne konvergent. Die zusätzliche Forderung bei der gleichmäßigen gegenüber der gewöhnlichen Konvergenz ist die, daß die Ungleichung (3.1) für alle $x \in I$ von einem gemeinsamen Index n an erfüllt sein soll. Der Fehler bei der Ersetzung der Reihensumme durch eine Teilsumme $s_n(x)$ mit einem $n > N^*(\varepsilon)$ liegt daher bei einer in I gleichmäßig konvergenten Reihe für alle $x \in I$ unter ε (siehe Bild 3.2).

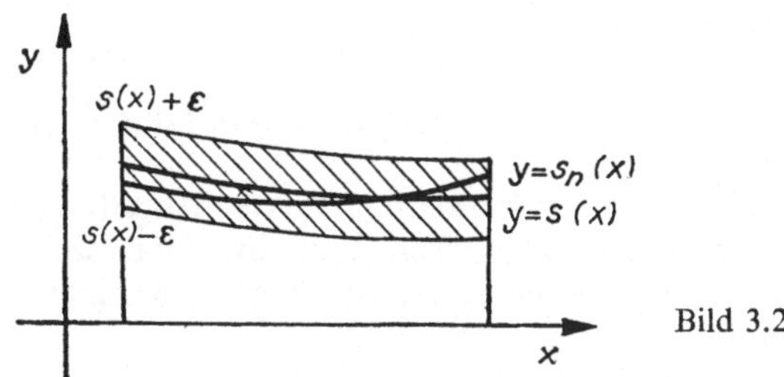

Bild 3.2

Als Beispiel für eine gleichmäßig konvergente Reihe können wir die zuvor betrachtete Beispielreihe in einem Intervall $[a, 1]$ mit einem festen $a > 0$ wählen; denn wegen $\dfrac{\ln \varepsilon}{\ln (1 - a^2)} \geqq \dfrac{\ln \varepsilon}{\ln (1 - x^2)}$ für $a \leqq x < 1$ ist die größte ganze Zahl, die kleiner oder gleich $\dfrac{\ln \varepsilon}{\ln (1 - a^2)} - 1$ ist, als $N^*(\varepsilon)$ geeignet. Für $a = \dfrac{1}{2}$, $\varepsilon = 0{,}05$ ergibt sich $N^*(0{,}05) = 9$; d. h., daß alle Funktionen $s_n(x)$ mit $n \geqq 10$ für alle $x \in \left[\dfrac{1}{2}, 1\right]$ der Ungleichung $0{,}95 < s_n(x) \leqq 1$ genügen (vgl. Bild 3.1).

Der folgende Satz gibt eine notwendige und hinreichende Bedingung für die gleichmäßige Konvergenz einer Funktionenreihe in einem Intervall an, wobei nicht die Kenntnis der Summe benutzt wird; er entspricht dem Cauchyschen Konvergenzkriterium.

Satz 3.1: *Eine Funktionenreihe $\sum\limits_{v=0}^{\infty} f_v(x)$ ist genau dann gleichmäßig konvergent in einem* S. 3.1
Intervall I, wenn zu jedem $\varepsilon > 0$ eine von x unabhängige natürliche Zahl $N^*(\varepsilon)$ existiert, so daß

$$|f_{n+1}(x) + f_{n+2}(x) + \ldots + f_{n+p}(x)| < \varepsilon \tag{3.2}$$

für alle $n > N^*(\varepsilon)$ und für jedes $p \geqq 1$ sowie für jedes $x \in I$ gilt.

Der Beweis des Satzes wird übergangen. Von praktischer Bedeutung ist das folgende hinreichende Kriterium für gleichmäßige Konvergenz, das von Weierstraß stammt.

Satz 3.2: *Eine Funktionenreihe $\sum\limits_{v=0}^{\infty} f_v(x)$ ist in einem Intervall I gleichmäßig konvergent,* S. 3.2
wenn zwischen ihren Gliedern und den Gliedern einer konvergenten Reihe $\sum\limits_{v=0}^{\infty} a_v$ die Beziehung $|f_v(x)| \leqq a_v$ für alle $x \in I$ gilt.

Die Konvergenz der Reihe in I ergibt sich bereits aus Satz 2.9a; die weitergehende Aussage von Satz 3.2 liegt darin, daß die Konvergenz gleichmäßig ist. Der Beweis verläuft entsprechend zu dem von Satz 2.9.

Beispiel 3.4: Die Reihe $\sum\limits_{v=1}^{\infty} \dfrac{1}{v^2} \sin vx$ ist für alle x gleichmäßig konvergent, weil $\left|\dfrac{1}{v^2} \sin vx\right| \leqq \dfrac{1}{v^2}$ für alle x gilt und die Reihe $\sum\limits_{v=1}^{\infty} \dfrac{1}{v^2}$ konvergiert. Allgemeiner ist die Reihe $\sum\limits_{v=1}^{\infty} (\alpha_v \cos vx + \beta_v \sin vx)$ sicher dann gleichmäßig konvergent für alle x, wenn die Reihen $\sum\limits_{v=1}^{\infty} |\alpha_v|$ und $\sum\limits_{v=1}^{\infty} |\beta_v|$ konvergieren (denn es ist $|\alpha_v \cos vx + \beta_v \sin vx| \leqq |a_v| + |\beta_v|$).

3.3.   Sätze über gleichmäßig konvergente Reihen

3.3.1.   Stetigkeit der Summenfunktion

Die folgenden Sätze lassen die Bedeutung der Gleichmäßigkeit der Konvergenz für eine Funktionenreihe erkennen.

Das Beispiel aus 3.2 zeigt, daß eine konvergente Funktionenreihe mit stetigen Gliedern keine stetige Summenfunktion zu haben braucht. Der Satz, daß eine endliche Summe stetiger Funktionen wieder stetig ist, darf also nicht auf Funktionenreihen übertragen werden.

Jedoch gilt

S. 3.3 **Satz 3.3:** *Wenn die Glieder einer Funktionenreihe $\sum\limits_{v=0}^{\infty} f_v(x)$ in einem Intervall I stetig sind und die Reihe in I gleichmäßig konvergiert, so ist ihre Summenfunktion $s(x)$ in I stetig.*

Aus dem Satz folgt, daß eine konvergente Funktionenreihe mit in I stetigen Gliedern und unstetiger Summenfunktion in I ungleichmäßig konvergent ist. Andererseits sind ungleichmäßig konvergente Reihen (mit stetigen Gliedern) bekannt, deren Summenfunktion stetig ist; die Gleichmäßigkeit der Konvergenz ist also keine notwendige Bedingung hierfür.

Beweis zu Satz 3.3: Wir wählen $x \in I$, $x + h \in I$, und haben zu zeigen, daß die Differenz $s(x + h) - s(x)$ beliebig klein wird, wenn h hinreichend klein ist. Dazu gehen wir von der Darstellung

$$s(x + h) - s(x) = (s(x + h) - s_n(x + h)) - (s(x) - s_n(x))$$
$$+ (s_n(x + h) - s_n(x))$$

aus. Wegen der gleichmäßigen Konvergenz der Reihe gibt es zu jedem ε eine Zahl $N^*(\varepsilon)$, so daß $|s(x) - s_n(x)| < \dfrac{\varepsilon}{3}$ für alle $n > N^*(\varepsilon)$ und für jedes $x \in I$ gilt. Wählt man nun ein festes $n > N^*(\varepsilon)$, so gilt auch $|s(x + h) - s_n(x + h)| < \dfrac{\varepsilon}{3}$, und da $s_n(x)$ als Summe von in I stetigen Funktionen selbst in I stetig ist, existiert zu unserem ε eine Zahl $\delta(\varepsilon)$ derart, daß $|s_n(x + h) - s_n(x)| < \dfrac{\varepsilon}{3}$ erfüllt ist, wenn $|h| < \delta$. Es ergibt sich daher

$$|s(x + h) - s(x)|$$
$$\leqq |s(x + h) - s_n(x + h)| + |s(x) - s_n(x)| + |s_n(x + h) - s_n(x)|$$
$$< \frac{\varepsilon}{3} + \frac{\varepsilon}{3} + \frac{\varepsilon}{3} = \varepsilon$$

für alle $x \in I$, sofern $|h| < \delta$ gilt. Damit ist die Stetigkeit der Funkion $s(x)$ in I bewiesen. ∎

Die Behauptung von Satz 3.3 kann auch in der Form

$$\lim_{x \to x_0} \sum_{v=0}^{\infty} f_v(x) = \sum_{v=0}^{\infty} f_v(x_0) = \sum_{v=0}^{\infty} \lim_{x \to x_0} f_v(x), \quad x, x_0 \in I, \tag{3.3}$$

oder

$$\lim_{x \to x_0} \lim_{n \to \infty} s_n(x) = s(x_0) = \lim_{n \to \infty} \lim_{x \to x_0} s_n(x), \qquad x, x_0 \in I, \tag{3.3'}$$

geschrieben werden, d. h., daß unter den Voraussetzungen von Satz 3.3 die Grenzübergänge $n \to \infty$ („Summation") und $x \to x_0$ vertauscht werden dürfen.

3.3.2. Gliedweise Integration

Bekanntlich darf man eine Summe stetiger Funktionen gliedweise integrieren. Bei einer beliebigen Funktionenreihe ist dieses Vorgehen nicht gestattet, aber es gilt

Satz 3.4: *Wenn die Glieder einer Funktionenreihe $\sum\limits_{\nu=0}^{\infty} f_\nu(x)$ in einem Intervall I stetig sind* S. 3.4 *und die Reihe in I gleichmäßig gegen $s(x)$ konvergiert, so gilt für beliebige $a, b \in I$*

$$\int_a^b s(x)\,dx = \sum_{\nu=0}^{\infty} \int_a^b f_\nu(x)\,dx. \tag{3.4}$$

Die Voraussetzungen dieses Satzes sind die gleichen wie in Satz 3.3. Daher folgt schon aus diesem, daß die Summenfunktion $s(x)$ – als in I stetige Funktion – über $[a, b]$ integrierbar ist. Die weitergehende Aussage von Satz 3.4 liegt darin, daß auch die gliedweise Integration der Reihe gestattet ist, d. h., die durch gliedweise Integration entstehende Reihe konvergiert und hat $\int\limits_a^b s(x)\,dx$ zur Summe.

Beweis: Wegen der gleichmäßigen Konvergenz der Reihe $\sum\limits_{\nu=0}^{\infty} f_\nu(x)$ gibt es zu jedem $\varepsilon > 0$ eine von x unabhängige Zahl $N^*(\varepsilon)$, so daß $|s(x) - s_n(x)| < \dfrac{\varepsilon}{|b-a|}$ für alle $n > N^*(\varepsilon)$ und für jedes $x \in I$ gilt. Daraus folgt

$$\left| \int_a^b (s(x) - s_n(x))\,dx \right| \leqq \left| \int_a^b |s(x) - s_n(x)|\,dx \right| < \frac{\varepsilon}{|b-a|}\,|b-a| = \varepsilon$$

für alle $n > N^*(\varepsilon)$, oder in anderer Schreibweise

$$\left| \int_a^b s(x)\,dx - \sum_{\nu=0}^{n} \int_a^b f_\nu(x)\,dx \right| < \varepsilon.$$

Da ε beliebig klein gewählt werden kann, strebt mit $n \to \infty$ die Differenz auf der linken Seite der Ungleichung gegen 0; mithin gilt (3.4). ∎

Zusatz: Unter den Voraussetzungen von Satz 3.4 ist die durch gliedweise Integration entstehende Reihe $\sum\limits_{\nu=0}^{\infty} \int\limits_a^x f_\nu(t)\,dt$, in der die obere Grenze $x \in I$ in den Integralen variabel ist, ebenfalls gleichmäßig konvergent in I. Das ergibt sich sofort aus dem vorstehenden Beweis.

Aus der Form

$$\int_a^b \left(\sum_{\nu=0}^{\infty} f_\nu(x)\,dx \right) = \sum_{\nu=0}^{\infty} \int_a^b f_\nu(x)\,dx \tag{3.4'}$$

für (3.4) entnimmt man, daß auch Satz 3.4 eine hinreichende Bedingung für die Vertauschbarkeit zweier Grenzprozesse, nämlich der Integration und Summation, beinhaltet.

3.3.3. Gliedweise Differentiation

Bei der gliedweisen Differentiation liegen die Verhältnisse etwas anders als bei der gliedweisen Integration. Die gleichmäßige Konvergenz einer Funktionenreihe mit differenzierbaren Gliedern ist noch nicht hinreichend für die Ausführbarkeit der gliedweisen Differentiation. Ein Beispiel hierfür liefert die Reihe $\sum\limits_{\nu=1}^{\infty} \dfrac{\sin \nu x}{\nu^2}$ (Beispiel 3.4), die für alle x gleichmäßig konvergiert und deren Glieder für alle x differenzierbar sind. Die durch gliedweise Differentiation entstehende Reihe $\sum\limits_{\nu=1}^{\infty} \dfrac{\cos \nu x}{\nu}$ geht aber z. B. für $x = 0$ in die harmonische Reihe über, ist also in $x = 0$ noch nicht einmal konvergent. Der folgende Satz formuliert eine hinreichende Bedingung dafür, daß gliedweise Differentiation gestattet ist.

S. 3.5 **Satz 3.5:** *Wenn die Glieder einer Funktionenreihe* $\sum\limits_{\nu=0}^{\infty} f_\nu(x)$ *in einem Intervall I stetig differenzierbar sind, die Reihe in I mit der Summe* $s(x)$ *konvergiert und die durch gliedweise Differentiation entstehende Reihe* $\sum\limits_{\nu=0}^{\infty} f_\nu'(x)$ *in I gleichmäßig konvergiert, so ist* $s(x)$ *in I differenzierbar, und es gilt*

$$s'(x) = \sum\limits_{\nu=0}^{\infty} f_\nu'(x) \tag{3.5}$$

für alle $x \in I$.

Zusatz: Unter den angegebenen Voraussetzungen ist die Reihe $\sum\limits_{\nu=0}^{\infty} f_\nu(x)$ in I gleichmäßig konvergent.

Beweis: Wir setzen $\sum\limits_{\nu=0}^{\infty} f_\nu'(x) = \sigma(x), x \in I$. Ist $a \in I$ fest, x variabel, so ist nach Satz 3.4 die gliedweise Integration der Reihe $\sum\limits_{\nu=0}^{\infty} f_\nu'(x)$ gestattet, und man erhält

$$\int\limits_{a}^{x} \sigma(t)\,\mathrm{d}t = \sum\limits_{\nu=0}^{\infty} \int\limits_{a}^{x} f_\nu'(t)\,\mathrm{d}t = \sum\limits_{\nu=0}^{\infty} (f_\nu(x) - f_\nu(a))$$

$$= \sum\limits_{\nu=0}^{\infty} f_\nu(x) - \sum\limits_{\nu=0}^{\infty} f_\nu(a) = s(x) - s(a).$$

Das auf der linken Seite stehende Integral ist, da $\sigma(x)$ nach Satz 3.3 stetig in I ist, in I nach x differenzierbar, also auch $s(x) - s(a)$ und somit $s(x)$, und die Differentiation liefert $\sigma(x) = s'(x)$, $x \in I$, womit der Satz bewiesen ist. ∎

Die im Zusatz stehende Behauptung folgt aus dem Zusatz am Ende von 3.3.2.

Auch Satz 3.5 beinhaltet, wie schon die Sätze 3.3 und 3.4, eine hinreichende Bedingung für die Vertauschbarkeit zweier Grenzprozesse, nämlich der Differentiation und der Summation.

Beispiel 3.5: Die Reihe $\sum\limits_{\nu=1}^{\infty} \dfrac{\cos \nu x}{\nu^3}$ ist für alle x konvergent (nach Satz 3.2 sogar gleichmäßig), ihre Glieder besitzen für alle x stetige Ableitungen, und die durch gliedweise Differentiation entstehende Reihe $\sum\limits_{\nu=1}^{\infty} \left(- \dfrac{\sin \nu x}{\nu^2} \right)$ konvergiert gleichmäßig für alle x (Beispiel 3.4). Mithin gilt für alle x

$$\left(\sum_{\nu=1}^{\infty} \frac{\cos \nu x}{\nu^3} \right)' = - \sum_{\nu=1}^{\infty} \frac{\sin \nu x}{\nu^2}.$$

Aufgaben:

Aufgabe 3.1: Zeigen Sie, daß die Reihe $\sum\limits_{\nu=0}^{\infty} (x^\nu - x^{\nu+1})$ in jedem Intervall $[0, a]$ mit $0 < a < 1$ gleichmäßig, jedoch im Intervall $[0, 1)$ ungleichmäßig konvergiert!   *

Aufgabe 3.2: Bestimmen Sie für die Reihe $\sum\limits_{\nu=0}^{\infty} \dfrac{x^2}{(1 + x^2)^\nu}$ ein $N(\varepsilon, x)$, so daß (3.1) für   * alle $n > N(\varepsilon, x)$ und für jedes x erfüllt ist. Zeigen Sie weiter, daß man in einem Intervall I, das $x = 0$ enthält, $N(\varepsilon, x)$ nicht durch ein (von x unabhängiges) $N^*(\varepsilon)$ ersetzen kann, die Reihe also in I ungleichmäßig konvergiert.

Aufgabe 3.3: Zeigen Sie, daß die Reihe $\sum\limits_{\nu=1}^{\infty} \dfrac{(-1)^{\nu+1}}{\nu + x^2}$ im Intervall $[0, \infty)$ gleichmäßig   * konvergiert!

Anleitung: Benutzen Sie Satz 3.1.

Aufgabe 3.4: Weisen Sie mit Hilfe des Kriteriums von Weierstraß (Satz 3.2) nach,   * daß folgende Funktionenreihen in den angegebenen Intervallen gleichmäßig konvergent sind!

$$\text{a) } \sum_{\nu=1}^{\infty} \frac{\cos \nu x}{\nu^3}, \ (-\infty, \infty); \qquad \text{b) } \sum_{\nu=1}^{\infty} \frac{1}{x^2 + \nu^2}, \ (-\infty, \infty);$$

$$\text{c) } \sum_{\nu=1}^{\infty} \frac{x}{1 + \nu^4 x^4}, \ [0, \infty).$$

Anleitung zu c): Beachten Sie den Maximalwert der $f_\nu(x)$ im angegebenen Intervall!

Aufgabe 3.5: Darf die Reihe $\sin x + \dfrac{\sin 2^4 x}{2^2} + \dfrac{\sin 3^4 x}{3^2} + \ldots$ *

a) gliedweise integriert, b) gliedweise differenziert werden?

4. Potenzreihen

4.1. Das Konvergenzverhalten einer Potenzreihe

4.1.1. Begriff der Potenzreihe

In Band 2, Abschnitt 6.3., wird der Taylorsche Satz behandelt, und es wird gezeigt, daß unter gewissen Voraussetzungen eine Funktion $f(x)$ in einer Umgebung von $x = 0$ näherungsweise durch

$$f(0) + \frac{f'(0)}{1!}\,x + \frac{f''(0)}{2!}\,x^2 + \ldots + \frac{f^{(n)}(0)}{n!}\,x^n \tag{4.1}$$

dargestellt werden kann. (4.1) kann als n-te Teilsumme einer Reihe aufgefaßt werden, deren Glieder Potenzfunktionen mit konstanten Vorfaktoren sind.

D. 4.1 **Definition 4.1:** *Eine Funktionenreihe der Form* $\sum\limits_{\nu=0}^{\infty} c_\nu x^\nu$ *(c_ν reelle Zahlen) nennt man eine reelle Potenzreihe; die c_ν heißen ihre Koeffizienten.*

Man nennt auch eine Reihe $\sum\limits_{\nu=0}^{\infty} c_\nu(x - x_0)^\nu$, x_0 beliebig reell, eine Potenzreihe und x_0 ihren Mittelpunkt. Eine solche ist jedoch von der in der Definition genannten nicht wesentlich verschieden, denn sie geht durch die Substitution $x - x_0 = h$ in jene über (natürlich mit h als Variabler). Daher führen wir die folgenden Untersuchungen nur für den Fall $x_0 = 0$. Die Teilsummen einer Potenzreihe sind ganze rationale Funktionen: $s_n(x) = \sum\limits_{\nu=0}^{n} c_\nu x^\nu$ (in der Summe ist $x^0 = 1$ für alle x zu setzen!). Die geometrische Reihe $\sum\limits_{\nu=0}^{\infty} x^\nu$ (siehe 3.1.) ist ein uns schon bekanntes Beispiel einer Potenzreihe; in ihr sind alle Koeffizienten gleich 1.

Wir beschränken uns hier auf die Betrachtung von reellen Potenzreihen; Potenzreihen $\sum\limits_{\nu=0}^{\infty} c_\nu z^\nu$ mit einer komplexen Variablen z und komplexen c_ν werden in Band 9 behandelt. An dieser Stelle sei jedoch darauf hingewiesen, daß insbesondere Definition 4.2 und die Sätze 4.1, 4.2, 4.3 auf Potenzreihen im Komplexen unmittelbar übertragen werden können.

4.1.2. Der Konvergenzradius einer Potenzreihe

Jede Potenzreihe $c_0 + c_1 x + c_2 x^2 + \ldots$ konvergiert offenbar für $x = 0$, und zwar mit der Summe c_0 (denn diesen Wert haben alle Teilsummen). Es gibt Potenzreihen, die für kein anderes x konvergieren, z. B. die Reihe $\sum\limits_{\nu=0}^{\infty} \nu!\, x^\nu$. Für jedes $x \neq 0$ gilt nämlich $\lim\limits_{\nu \to \infty} \left| \dfrac{(\nu + 1)!\, x^{\nu+1}}{\nu!\, x^\nu} \right| = |x| \lim\limits_{\nu \to \infty} (\nu + 1) = \infty$, und daraus folgt nach dem Quotientenkriterium (Satz 2.13a) die Divergenz für $x \neq 0$. Andererseits gibt es Potenzreihen, die für alle x konvergieren, z. B. $\sum\limits_{\nu=0}^{\infty} \dfrac{x^\nu}{\nu!}$ (vgl. Beispiel 3.2).

Definition 4.2: *Eine Potenzreihe $\sum\limits_{\nu=0}^{\infty} c_\nu x^\nu$, die für alle x konvergiert, heißt beständig konvergent, eine, die nur für $x = 0$ konvergiert, heißt nirgends konvergent.*   **D. 4.2**

Wir wollen nun zu einer allgemeinen Aussage über das Konvergenzverhalten einer Potenzreihe kommen. Der folgende Satz stellt einen ersten Schritt in dieser Richtung dar; das Weitere enthält Satz 4.2.

Satz 4.1: *Wenn eine Potenzreihe $\sum\limits_{\nu=0}^{\infty} c_\nu x^\nu$ für ein $x = x_1 \neq 0$ konvergiert, so konvergiert sie absolut für alle x mit $|x| < |x_1|$. Wenn dagegen eine Potenzreihe für ein $x = x_2$ divergiert, so divergiert sie auch für alle x mit $|x| > |x_2|$.*   **S. 4.1**

Beweis: Wegen der Konvergenz der Reihe $\sum\limits_{\nu=0}^{\infty} c_\nu x_1^\nu$ gilt $\lim\limits_{\nu \to \infty} c_\nu x_1^\nu = 0$ (Satz 2.7). Daher ist die Folge der Glieder beschränkt, d. h., es gibt eine positive Zahl K, so daß $|c_\nu x_1^\nu| \leq K$ und somit

$$|c_\nu x^\nu| = \left| c_\nu x_1^\nu \left(\frac{x}{x_1}\right)^\nu \right| = |c_\nu x_1^\nu| \left|\frac{x}{x_1}\right|^\nu \leq K \left|\frac{x}{x_1}\right|^\nu$$

gilt. Für irgendein x mit $|x| < |x_1|$ ist nun $\left|\dfrac{x}{x_1}\right| = q < 1$, also $|c_\nu x^\nu| < Kq^\nu$. Das bedeutet, daß die geometrische Reihe $K \sum\limits_{\nu=0}^{\infty} q^\nu$ als Majorante für die Reihe $\sum\limits_{\nu=0}^{\infty} |c_\nu x^\nu|$ dienen kann. Die Reihe $\sum\limits_{\nu=0}^{\infty} c_\nu x^\nu$ ist mithin für $|x| < |x_1|$ absolut konvergent.

Der 2. Teil des Satzes kann indirekt bewiesen werden. Nimmt man nämlich an, daß die für $x = x_2$ divergente Potenzreihe für ein x_1 mit $|x_1| > |x_2|$ konvergiert, so müßte sie nach dem 1. Teil des Satzes auch für $x = x_2$ konvergieren, aber das steht im Widerspruch zur Voraussetzung. ■

Wenn eine Potenzreihe weder nirgends noch beständig konvergent ist, muß es sowohl Zahlen $x_1 \neq 0$ geben, für die sie konvergiert, als auch Zahlen x_2, für die sie divergiert, wobei $|x_1| < |x_2|$ gilt. Es seien x_1, x_2 zwei bestimmte Zahlen dieser Art, die wir auf Grund von Satz 4.1 sogar als positiv annehmen können. Die Reihe konvergiert dann für alle x mit $|x| < x_1$ und divergiert für $|x| > x_2$ (siehe Bild 4.1). Über

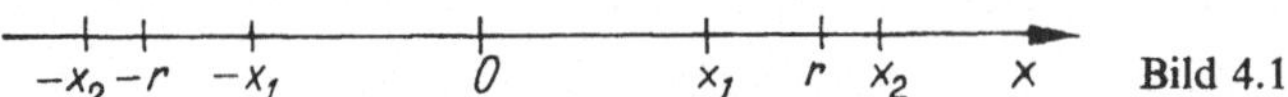

Bild 4.1

das Konvergenzverhalten in den Intervallen $(-x_2, -x_1)$ und (x_1, x_2) können wir zunächst noch nichts Allgemeines sagen. Es sei nun x_0 irgendeine Stelle aus dem Intervall (x_1, x_2). Dann kann x_0, je nachdem, ob die Potenzreihe an dieser Stelle konvergiert bzw. divergiert, die Rolle von x_1 bzw. x_2 übernehmen. Wir haben damit eine Konvergenz- bzw. Divergenzaussage für ein größeres Intervall erhalten. Aus dem verbleibenden Intervall (x_0, x_2) bzw. (x_1, x_0) kann wiederum eine Stelle x_0' ausgewählt werden, die Überlegungen können wiederholt werden usw. So scheint es anschaulich klar zu sein, daß es eine Zahl $r \in (x_1, x_2)$ von der Art gibt, daß Konvergenz der Potenzreihe für $|x| < r$, Divergenz für $|x| > r$ vorliegt. Das trifft tatsächlich zu; auf den Beweis hierfür verzichten wir jedoch. Wir formulieren:

Satz 4.2: *Wenn eine Potenzreihe $\sum\limits_{\nu=0}^{\infty} c_\nu x^\nu$ weder nirgends noch beständig konvergiert, so existiert genau eine positive Zahl r mit der Eigenschaft, daß die Potenzreihe für alle x mit $|x| < r$ absolut konvergiert und für alle x mit $|x| > r$ divergiert.*   **S. 4. 2**

Die Zahl r heißt Konvergenzradius, das Intervall $(-r, r)$ Konvergenzintervall der Potenzreihe.

Ergänzungen: 1. Man kann auch in den beiden im Satz ausgeschlossenen Fällen einer Potenzreihe einen Konvergenzradius zuordnen: für eine nirgends konvergente Potenzreihe setzt man $r = 0$, für eine beständig konvergente $r = \infty$.

2. Über das Konvergenzverhalten von Potenzreihen auf dem Rande des Konvergenzintervalls ist keine allgemeingültige Aussage möglich (siehe Beispiel 4.1).

3. Eine Potenzreihe mit einem Konvergenzradius $r > 0$ ist in ihrem Konvergenzintervall $(-r, r)$ immer auch als Darstellung einer Funktion – nämlich ihrer Summenfunktion – anzusehen.

4. Das Konvergenzintervall einer Potenzreihe mit dem Mittelpunkt x_0 ist offenbar $(x_0 - r, x_0 + r)$.

4.1.3   Bestimmung des Konvergenzradius

Über die Bestimmung des Konvergenzradius gilt der folgende

S. 4.3 **Satz 4.3:** *Wenn für eine Potenzreihe $\sum\limits_{\nu=0}^{\infty} c_\nu x^\nu$ der Grenzwert $\mu = \lim\limits_{\nu \to \infty} \sqrt[\nu]{|c_\nu|}$ – eventuell als uneigentlicher Limes – existiert, so ist im Fall $\mu = 0$ die Potenzreihe beständig, im Fall $\mu = \infty$ nirgends konvergent; im Fall $0 < \mu < \infty$ hat sie den Konvergenzradius $r = \dfrac{1}{\mu}$. Bei sinngemäßer Deutung gilt also*

$$r = \frac{1}{\lim\limits_{\nu \to \infty} \sqrt[\nu]{|c_\nu|}}. \tag{4.2}$$

Ergänzungen. 1. Anstelle von (4.2) kann auch die Formel

$$r = \lim\limits_{\nu \to \infty} \left| \frac{c_\nu}{c_{\nu+1}} \right| \tag{4.3}$$

benutzt werden, sofern der Limes – eventuell als uneigentlicher – existiert.

2. Wenn $\lim\limits_{\nu \to \infty} \sqrt[\nu]{|c_\nu|}$ nicht existiert (auch nicht als uneigentlicher Grenzwert), bleiben die Behauptungen von Satz 4.3 richtig, wenn μ durch $\overline{\lim} \sqrt[\nu]{|c_\nu|}$ ersetzt wird.

Beweis zu Satz 4.3: Nach dem Wurzelkriterium (Satz 2.13a) konvergiert eine Potenzreihe für alle die x, für die

$$\lim\limits_{\nu \to \infty} \sqrt[\nu]{|c_\nu x^\nu|} = |x| \lim\limits_{\nu \to \infty} \sqrt[\nu]{|c_\nu|} = |x|\,\mu < 1$$

gilt, während sie für alle x mit $|x|\,\mu > 1$ divergiert. Für $0 < \mu < \infty$ ergibt sich also absolute Konvergenz bzw. Divergenz, wenn $|x| < \dfrac{1}{\mu}$ bzw. $|x| > \dfrac{1}{\mu}$ ist, d. h., es ist $r = \dfrac{1}{\mu}$. Im Fall $\mu = 0$ ist $|x|\,\mu < 1$ für jedes x erfüllt, also die Reihe beständig konvergent; im Fall $\mu = \infty$ wird $\sqrt[\nu]{|c_\nu x^\nu|}$ für alle $x \neq 0$ beliebig groß, und daher ist die notwendige Konvergenzbedingung $\lim\limits_{\nu \to \infty} c_\nu x^\nu = 0$ nicht erfüllt, die Reihe divergiert für $x \neq 0$. ∎

Beispiel 4.1: Die Potenzreihen $\sum\limits_{\nu=0}^{\infty} x^{\nu}, \sum\limits_{\nu=1}^{\infty} \dfrac{x^{\nu}}{\nu^2}, \sum\limits_{\nu=1}^{\infty} \dfrac{x^{\nu}}{\nu}$ haben nach (4.2) alle den Konvergenzradius $r = 1$, denn es ist $\lim\limits_{\nu\to\infty} 1 = \lim\limits_{\nu\to\infty} \sqrt[\nu]{\nu} = \lim\limits_{\nu\to\infty} \sqrt[\nu]{\nu^2} = 1$. Auf dem Rande des Konvergenzintervalls zeigen sie alle drei ein unterschiedliches Verhalten. Die erste ist die geometrische Reihe und für $x = \pm 1$ divergent (vgl. Beispiel 2.1). Die zweite ist für $x = \pm 1$ konvergent: sie ist nämlich für $x = 1$ die in 2.4.2., Beispiel 2.5, als konvergent nachgewiesene Reihe $\sum\limits_{\nu=1}^{\infty} \dfrac{1}{\nu^2}$, und die sich für $x = -1$ ergebende alternierende Reihe ist nach dem Leibnizschen Konvergenzkriterium ebenfalls konvergent. Die letzte der drei Reihen ist in einem Randpunkt divergent, im anderen konvergent; denn für $x = 1$ liegt die harmonische Reihe, für $x = -1$ die nach 2.5., Beispiel 2.12, konvergente Reihe $\sum\limits_{\nu=1}^{\infty} \dfrac{(-1)^{\nu}}{\nu}$ vor.

4.2. Eigenschaften von Potenzreihen

4.2.1. Stetigkeit der Summenfunktion. Gliedweise Integration und Differentiation

Im folgenden werden die in Abschnitt 3.3. hergeleiteten Sätze über die Eigenschaften gleichmäßig konvergenter Reihen auf Potenzreihen angewendet. Der Leser, der mit Abschnitt 3. nicht vertraut ist, kann Satz 4.4 übergehen; der Inhalt der Sätze 4.5 bis 4.9 ist auch ohne den Begriff der gleichmäßigen Konvergenz verständlich. Wir betrachten jetzt ausschließlich Potenzreihen mit positivem Konvergenzradius (einschließlich $r = \infty$).

Satz 4.4: *Eine Potenzreihe $\sum\limits_{\nu=0}^{\infty} c_{\nu}x^{\nu}$ konvergiert in jedem abgeschlossenen Teilintervall* **S. 4.4**
ihres Konvergenzintervalls $(-r, r)$ gleichmäßig.

Beweis: Wenn ϱ eine Zahl mit $0 < \varrho < r$ ist, dann ist $\sum\limits_{\nu=0}^{\infty} c_{\nu}\varrho^{\nu}$ nach Satz 4.2 eine absolut konvergente Reihe. Zwischen den Beträgen ihrer Glieder und denen der Potenzreihe besteht für alle x mit $|x| \leqq \varrho$ die Beziehung $|c_{\nu}x^{\nu}| \leqq |c_{\nu}|\,\varrho^{\nu}$. Nach Satz 3.2 ist daher die Potenzreihe im abgeschlossenen Teilintervall $[-\varrho, \varrho]$ gleichmäßig konvergent. Insbesondere kann ϱ beliebig dicht bei r liegen. ∎

Da für jedes $|x| < r$ eine Zahl ϱ angegeben werden kann, für die $|x| < \varrho < r$ gilt, ergibt sich aus Satz 3.3:

Satz 4.5: *Die Summenfunktion $s(x)$ einer Potenzreihe $\sum\limits_{\nu=0}^{\infty} c_{\nu}x^{\nu}$ ist im Konvergenzinter-* **S. 4.5**
vall $(-r, r)$ stetig.

Die Sätze 4.4 und 4.5 können für Potenzreihen mit einem endlichen Konvergenzradius noch wie folgt ergänzt werden.

Satz 4.6: *Wenn eine Potenzreihe $\sum\limits_{\nu=0}^{\infty} c_{\nu}x^{\nu}$ noch für $x = r$ konvergiert, so ist sie in jedem* **S. 4.6**
Intervall $[a, r]$ mit $a > -r$ gleichmäßig konvergent, und ihre Summenfunktion $s(x)$ ist in $x = r$ noch linksseitig stetig, d. h., es gilt

$$\lim_{x\to r-0} s(x) = s(r) = \sum_{\nu=0}^{\infty} c_{\nu}r^{\nu}.$$

Der zweite Teil des Satzes ist unter dem Namen Abelscher Grenzwertsatz bekannt. Eine entsprechende Aussage gilt, wenn die Potenzreihe noch in $x = -r$ konvergiert. Aus Satz 3.4 ergibt sich sofort

S. 4.7 Satz 4.7: *Eine Potenzreihe $\sum\limits_{\nu=0}^{\infty} c_\nu x^\nu$ darf über jedes abgeschlossene Teilintervall ihres Konvergenzintervalls $(-r, r)$ gliedweise integriert werden, d. h., mit $-r < a, b < r$ gilt*

$$\int_a^b s(x)\, dx = \int_a^b \left(\sum_{\nu=0}^{\infty} c_\nu x^\nu \right) dx = \sum_{\nu=0}^{\infty} c_\nu \int_a^b x^\nu dx = \sum_{\nu=0}^{\infty} c_\nu \frac{b^{\nu+1} - a^{\nu+1}}{\nu + 1}.$$

Wenn die Potenzreihe noch für $x = r$ (oder $x = -r$) konvergiert, darf auch $b = r$ (oder $a = -r$) gewählt werden.

Beispiel 4.2: Aus $\dfrac{1}{1-x} = 1 + x + x^2 + \ldots$, $|x| < 1$, folgt durch Integration von 0 bis x, $|x| < 1$,

$$\int_0^x \frac{dt}{1-t} = -\ln(1-x) = x + \frac{x^2}{2} + \frac{x^3}{3} + \ldots, \quad x \in (-1, 1).$$

Nach folgendem Satz ist auch die gliedweise Differentiation erlaubt.

S. 4.8 Satz 4.8: *Die durch gliedweise Differentiation einer Potenzreihe $\sum\limits_{\nu=0}^{\infty} c_\nu x^\nu$ entstehende Potenzreihe $\sum\limits_{\nu=1}^{\infty} \nu c_\nu x^{\nu-1}$ hat wieder den Konvergenzradius r, und ihre Summenfunktion ist gleich der Ableitung der Summenfunktion $s(x)$ der Reihe $\sum\limits_{\nu=0}^{\infty} c_\nu x^\nu$, d. h., es gilt $s'(x) = \sum\limits_{\nu=1}^{\infty} \nu c_\nu x^{\nu-1}$ für alle $x \in (-r, r)$.*

Beweis: Den Beweis des ersten Teils führen wir unter der vereinfachenden Annahme, daß $\mu = \lim\limits_{\nu \to \infty} \sqrt[\nu]{|c_\nu|}$ existiert. Nach Satz 4.3 ist dann der Konvergenzradius der Potenzreihe $r = \mu^{-1}$. Für den Konvergenzradius r' der aus ihr durch gliedweise Differentiation entstehenden Reihe $\sum\limits_{\nu=1}^{\infty} \nu c_\nu x^{\nu-1}$ gilt $r'^{-1} = \lim\limits_{\nu \to \infty} \sqrt[\nu]{\nu|c_\nu|} = \lim\limits_{\nu \to \infty} \sqrt[\nu]{\nu} \lim\limits_{\nu \to \infty} \sqrt[\nu]{|c_\nu|} = \mu$.

Die Konvergenzradien stimmen daher überein. Da die Reihe $\sum\limits_{\nu=1}^{\infty} \nu c_\nu x^{\nu-1}$ nach Satz 4.4 in jedem Intervall $|x| \leq \varrho$ mit $\varrho < r$ gleichmäßig konvergiert, ergibt sich auf Grund von Satz 3.5 der zweite Teil der Behauptung. ∎

Beispiel 4.3: Durch Differentiation von $\dfrac{1}{1-x} = \sum\limits_{\nu=0}^{\infty} x^\nu$, $x \in (-1, 1)$, ergibt sich

$$\frac{1}{(1-x)^2} = \sum_{\nu=1}^{\infty} \nu x^{\nu-1} = \sum_{\nu=0}^{\infty} (\nu + 1) x^\nu = 1 + 2x + 3x^2 + \ldots, x \in (-1, 1).$$

Durch wiederholte Anwendung von Satz 4.8 ergibt sich

S. 4.9 Satz 4.9: *Die Summenfunktion $s(x)$ einer Potenzreihe $\sum\limits_{\nu=0}^{\infty} c_\nu x^\nu$ ist im Intervall $(-r, r)$ beliebig oft differenzierbar. Ihre Ableitungen können durch gliedweise Differentiation der Potenzreihe erhalten werden; es gilt also für $k = 1, 2, 3, \ldots$*

$$s^{(k)}(x) = \sum_{\nu=k}^{\infty} c_\nu \nu (\nu - 1) \ldots (\nu - k + 1) x^{\nu-k}. \tag{4.4}$$

Aus (4.4) entnimmt man speziell

$$s^{(k)}(0) = c_k \cdot k! \tag{4.5}$$

Beispiel 4.4: Durch wiederholte Differentiation von $\dfrac{1}{1-x} = \sum\limits_{\nu=0}^{\infty} x^\nu$, $|x| < 1$, erhält man

$$\frac{k!}{(1-x)^{k+1}} = \sum_{\nu=k}^{\infty} \nu(\nu-1) \dots (\nu-k+1)\, x^{\nu-k}, \quad |x| < 1,$$

oder, wenn man durch $k!$ dividiert, x durch $-x$ ersetzt und $\nu - k = \mu$ einführt,

$$\frac{1}{(1+x)^{k+1}} = \sum_{\mu=0}^{\infty} (-1)^\mu \binom{k+\mu}{k} x^\mu, \quad x \in (-1, 1),\, k = 0, 1, 2, \dots$$

4.2.2. Identitätssatz für Potenzreihen

Der folgende Satz bildet die Grundlage für die wichtige Methode der unbestimmten Koeffizienten, die wir in 4.4. anwenden werden.

Satz 4.10 (*Identitätssatz für Potenzreihen*): *Wenn zwei Potenzreihen $\sum\limits_{\nu=0}^{\infty} c_\nu x^\nu$ und* **S. 4.10** *$\sum\limits_{\nu=0}^{\infty} d_\nu x^\nu$ in einem Intervall $|x| < \varepsilon$, $\varepsilon > 0$, konvergieren und dort dieselbe Summe haben, so gilt $c_\nu = d_\nu$, $\nu = 0, 1, 2, \dots$, d. h., beide Potenzreihen sind identisch.*

Die Behauptung von Satz 4.10 gilt schon unter der schwächeren Voraussetzung, daß beide Reihen für alle Glieder x_k einer Nullfolge $\{x_k\}$ mit $x_k \neq 0$ dieselbe Summe haben.

Beweis: Aus $s(x) = \sum\limits_{\nu=0}^{\infty} c_\nu x^\nu = \sum\limits_{\nu=0}^{\infty} d_\nu x^\nu$ für alle x mit $|x| < \varepsilon$ folgt für $x = 0$ sofort

$c_0 = d_0$. Somit ist $\sum\limits_{\nu=1}^{\infty} c_\nu x^\nu = \sum\limits_{\nu=1}^{\infty} d_\nu x^\nu$, und nach Division durch x, wobei $x \neq 0$ vorauszusetzen ist, hat man

$$c_1 + c_2 x + c_3 x^2 + \dots = d_1 + d_2 x + d_3 x^2 + \dots, \quad 0 < |x| < \varepsilon.$$

Da die Reihen nach Satz 4.5 für $|x| < \varepsilon$ stetige Funktionen darstellen, folgt aus dem Grenzübergang $x \to 0$, daß $c_1 = d_1$ ist. Durch Wiederholung der letzten Schritte ergibt sich $c_2 = d_2$, und durch vollständige Induktion allgemein $c_\nu = d_\nu$, $\nu \geq 2$. ∎

Aus Satz 4.10 folgt insbesondere, daß eine in einer Umgebung von $x = 0$ definierte Funktion, wenn überhaupt, nur auf eine Weise durch eine Potenzreihe $\sum\limits_{\nu=0}^{\infty} c_\nu x^\nu$ dargestellt werden kann.

4.3. Taylorreihen

4.3.1. Entwicklung von Funktionen in Potenzreihen

Nach Satz 4.9 stellt eine Potenzreihe in ihrem Konvergenzintervall eine beliebig oft differenzierbare Funktion dar. Wir wenden uns nun der Frage zu, ob umgekehrt für eine Funktion $f(x)$, die in einem $x = 0$ enthaltenden offenen Intervall I beliebig oft differenzierbar ist, eine Potenzreihe $\sum\limits_{\nu=0}^{\infty} c_\nu x^\nu$ existiert, die wenigstens in einer Umgebung von $x = 0$ konvergiert und dort $f(x)$ zur Summe hat. Wenn eine solche Reihe existiert, nennt man sie die Potenzreihenentwicklung der Funktion $f(x)$ um $x = 0$. Sie ist auf Grund des Identitätssatzes für Potenzreihen eindeutig bestimmt. Es gilt dann $f(x) = \sum\limits_{\nu=0}^{\infty} c_\nu x^\nu$ in einer Umgebung von $x = 0$, und aus (4.5) folgt für die Koeffizienten der Potenzreihe

$$c_\nu = \frac{f^{(\nu)}(0)}{\nu!}. \tag{4.6}$$

D. 4.3 Definition 4.3: *Die formal gebildete Reihe*

$$\sum_{\nu=0}^{\infty} \frac{f^{(\nu)}(0)}{\nu!} x^\nu \tag{4.7}$$

heißt Taylorreihe der Funktion $f(x)$ (mit dem Mittelpunkt 0); die Zahlen c_ν in (4.6) heißen Taylorkoeffizienten von $f(x)$.

Wenn also $f(x)$ in eine Potenzreihe um $x = 0$ entwickelbar ist, so ist diese Entwicklung notwendig die Taylorreihe von $f(x)$ mit dem Mittelpunkt $x = 0$, und jede Potenzreihe ist innerhalb ihres Konvergenzintervalls die Taylorreihe ihrer Summenfunktion.

Die Taylorreihe (4.7) einer Funktion $f(x)$, die in einem $x = 0$ enthaltenden offenen Intervall I beliebig oft differenzierbar ist, braucht jedoch nicht für alle $x \in I$ zu konvergieren, und wenn sie konvergiert, muß sie nicht $f(x)$ als Summenfunktion haben. Durch Vergleich mit dem Satz von Taylor erkennt man aber folgendes. Unter den über $f(x)$ gemachten Voraussetzungen (vgl. Band 2; 6.3.3.) gilt die Taylorformel

$$f(x) = \sum_{\nu=0}^{n} \frac{f^{(\nu)}(0)}{\nu!} x^\nu + R_n(x) \tag{4.8}$$

für alle $x \in I$, wobei das Restglied $R_n(x)$ in der Form $R_n(x) = \dfrac{f^{(n+1)}(\vartheta_n x)}{(n+1)!} x^{n+1}$ mit einem $\vartheta_n \in (0, 1)$ geschrieben werden kann. Die Summe auf der rechten Seite von (4.8) ist gerade die Teilsumme $s_n(x)$ der Taylorreihe (4.7) der Funktion $f(x)$. Daher folgt aus (4.8):

S. 4.11 Satz 4.11: *Für eine in einem $x = 0$ enthaltenden Intervall I beliebig oft differenzierbare Funktion $f(x)$ gilt genau dann*

$$f(x) = \sum_{\nu=0}^{\infty} \frac{f^{(\nu)}(0)}{\nu!} x^\nu \quad \text{für alle } x \in I$$

(d. h., die Taylorreihe konvergiert in I und hat $f(x)$ als Summenfunktion), wenn die Folge der Restglieder $R_n(x)$ der Taylorformel für alle $x \in I$ der Bedingung

$$\lim_{n \to \infty} R_n(x) = 0 \tag{4.9}$$

genügt.

Für Potenzreihen $\sum\limits_{\nu=0}^{\infty} c_\nu (x - x_0)^\nu$ mit einem Mittelpunkt $x_0 \neq 0$ gelten analoge Aussagen. Insbesondere ist $c_\nu = \dfrac{s^{(\nu)}(x_0)}{\nu!}$ für alle ν.

4.3.2. Zusammenstellung der Taylorreihen einiger elementarer Funktionen

Wir wollen nun eine Übersicht über die Taylorreihen einiger elementarer Funktionen geben. Dabei benutzen wir die in Band 2, Abschnitt 6.3.4., hergeleiteten Resultate. Danach gilt z. B. für jedes natürliche n

$$e^x = \sum_{\nu=0}^{n} \frac{x^\nu}{\nu!} + R_n(x), \qquad (4.10)$$

wobei sich die $R_n(x)$ in der Form $R_n(x) = \dfrac{x^{n+1}}{(n+1)!}\, e^{\vartheta_n x}$ mit $\vartheta_n \in (0,\,1)$ darstellen lassen und gezeigt werden kann, daß $\lim\limits_{n\to\infty} R_n(x) = 0$ für jedes x gilt. Nach Satz 4.11 gilt daher

$$e^x = \sum_{\nu=0}^{\infty} \frac{x^\nu}{\nu!} = 1 + \frac{x}{1!} + \frac{x^2}{2!} + \frac{x^3}{3!} + \dots, \quad x \in (-\infty,\, \infty). \qquad (4.11)$$

Die Funktion $f(x) = e^x$ ist somit durch eine beständig konvergente Potenzreihe dargestellt, die Exponentialreihe genannt wird.

Entsprechend ergeben sich für die Funktionen $f(x) = \sin x$ und $f(x) = \cos x$ die Taylorentwicklungen

$$\begin{aligned} \sin x &= x - \frac{x^3}{3!} + \frac{x^5}{5!} - \dots, \\[2mm] \cos x &= 1 - \frac{x^2}{2!} + \frac{x^4}{4!} - \dots, \end{aligned} \qquad x \in (-\infty,\, \infty). \qquad (4.12)$$

Hinweise: 1. Die Potenzreihenentwicklung mit dem Mittelpunkt $x_0 = 0$ einer ungeraden Funktion enthält nur ungerade Potenzen von x, die einer geraden Funktion nur gerade Potenzen von x. Das folgt unmittelbar aus dem Identitätssatz für Potenzreihen, wie sich der Leser überlegen mag. Die Reihen in (4.12) geben Beispiele für die beiden Fälle.

2. Man kann die Reihen in (4.12) zur Definition der Funktionen $\sin x$ und $\cos x$ benutzen; dadurch macht man sich frei von der geometrischen Begründung der trigonometrischen Funktionen.

Auf Grund der Definitionen des Hyperbelsinus und -kosinus, $\sinh x = \dfrac{1}{2}(e^x - e^{-x})$, $\cosh x = \dfrac{1}{2}(e^x + e^{-x})$, ergeben sich bei Anwendung von Satz 2.5 auf die Reihe (4.11) und der aus ihr durch Ersetzung von x durch $-x$ hervorgehenden Reihe

$$e^{-x} = 1 - \frac{x}{1!} + \frac{x^2}{2!} - \frac{x^3}{3!} + \dots$$

die Taylorreihen

$$\begin{aligned} \sinh x &= x + \frac{x^3}{3!} + \frac{x^5}{5!} + \dots, \\[2mm] \cosh x &= 1 + \frac{x^2}{2!} + \frac{x^4}{4!} + \dots, \end{aligned} \qquad x \in (-\infty,\, \infty). \qquad (4.13)$$

Wenn $|x|$ nicht zu groß ist, eignen sich alle genannten Taylorreihen gut zur näherungsweisen Berechnung der Funktionswerte. Für größeres $|x|$ dagegen konvergieren die Reihen zu langsam, d. h., die Beträge der Glieder nehmen mit wachsendem ν nur langsam ab bzw. nehmen zunächst sogar zu. Zur genäherten Funktionswertberechnung sind dann diese Reihen praktisch nicht geeignet. Es sei auch ausdrücklich darauf hingewiesen, daß die Potenzreihendarstellungen der vorstehenden Funktionen zwar eleganter aussehen als die Darstellungen als Summe aus Taylorpolynom und Restglied, aber diesen gegenüber den Nachteil haben, daß bei Ersetzung der Reihensumme durch eine Teilsumme im allgemeinen keine Fehlerabschätzung möglich ist.

Ohne Benutzung des Taylor-Restglieds kann eine solche jedoch durchgeführt werden, wenn die verwendete Reihe alterniert und die Beträge ihrer Glieder monoton gegen 0 streben. Dann kann die Zusatzbemerkung zu Satz 2.15 herangezogen werden, wie am folgenden Beispiel gezeigt wird.

Beispiel 4.5: Mit Hilfe der zweiten Reihe (4.12) soll cos 0,5 auf vier Dezimalen genau berechnet werden. Nach (4.12) ist

$$\cos 0{,}5 = 1 - \frac{1}{2! \, 2^2} + \frac{1}{4! \, 2^4} - \frac{1}{6! \, 2^6} + \dots.$$

Die Reihe alterniert, und die Beträge ihrer Glieder nehmen monoton gegen 0 ab; daher kann die erwähnte Zusatzbemerkung verwendet werden. Es ist (weil die Glieder mit ungeradem Index gleich null sind)

$$s_5 \left(\frac{1}{2}\right) = s_4 \left(\frac{1}{2}\right) = 1 - \frac{1}{2 \cdot 4} + \frac{1}{24 \cdot 16} = 0{,}877\,60,$$

$$s_6 \left(\frac{1}{2}\right) = s_5 \left(\frac{1}{2}\right) - \frac{1}{720 \cdot 64} = 0{,}877\,58 \quad \text{(jeweils auf fünf Dezimalen genau).}$$

Da die Reihensumme zwischen zwei aufeinanderfolgenden Teilsummen liegt, hat man auf vier Dezimalen genau cos 0,5 = 0,8776. Da in Band 2, Abschnitt 6.3.5., ausführliche Beispiele für Funktionswertberechnungen mit Hilfe der Taylorentwicklung einschließlich der Restgliedabschätzungen enthalten sind, soll hier auf weitere Beispiele verzichtet werden.

Für die Funktion $f(x) = \ln (1 + x)$ findet sich in Band 2, Abschnitt 6.3.4., die Darstellung

$$\ln (1 + x) = x - \frac{x^2}{2} + \frac{x^3}{3} - \dots + (-1)^{n-1} \frac{x^n}{n} + R_n(x),$$

$$R_n(x) = (-1)^n \frac{1}{(1 + \vartheta_n x)^{n+1}} \frac{x^{n+1}}{n + 1}, \quad 0 < \vartheta_n < 1,$$

mit der Bemerkung, daß $\lim\limits_{n \to \infty} R_n(x) = 0$ für jedes $x \in (-1, 1)$ erfüllt ist. Damit haben wir die sogenannte logarithmische Reihe gewonnen:

$$\ln (1 + x) = x - \frac{x^2}{2} + \frac{x^3}{3} - \dots, \quad x \in (-1, +1]. \tag{4.14}$$

Bei der Angabe des Gültigkeitsintervalls ist berücksichtigt, daß die Reihe für $x = 1$ noch konvergiert (vgl. Beispiel 2.12) und nach Satz 4.6 die Summe ln 2 hat.

Ersetzt man in (4.14) x durch $-x$, ergibt sich

$$\ln(1 - x) = -x - \frac{x^2}{2} - \frac{x^3}{3} - \dots, \quad x \in [-1, 1) \tag{4.15}$$

(vgl. Beispiel 4.2). Berücksichtigt man $\ln \dfrac{1 + x}{1 - x} = \ln (1 + x) - \ln (1 - x)$, erhält man aus (4.14) und (4.15) weiter

$$\ln \frac{1 + x}{1 - x} = 2 \left(x + \frac{x^3}{3} + \frac{x^5}{5} + \dots\right), \quad x \in (-1, 1). \tag{4.16}$$

Die Funktion $g(x) = \dfrac{1 + x}{1 - x}$ nimmt für $x \in (-1, 1)$ alle Werte zwischen 0 und $+\infty$ genau einmal an. Daher hat man in (4.16) eine Reihenentwicklung der Logarithmusfunktion für jeden Wert ihres Definitionsbereichs.

Die Funktion $f(x) = (1 + x)^{\alpha}$, α beliebig reell, hat wegen $\dfrac{f^{(\nu)}(0)}{\nu!} = \binom{\alpha}{\nu}$ die Taylorreihe $\sum\limits_{\nu=0}^{\infty} \binom{\alpha}{\nu} x^{\nu}$. Sie hat für $\alpha \neq m, m = 0, 1, 2, \ldots$, nach (4.3) den Konvergenzradius $r = 1$; es ist nämlich $\lim\limits_{\nu \to \infty} \left| \binom{\alpha}{\nu+1} : \binom{\alpha}{\nu} \right| = \lim\limits_{\nu \to \infty} \left| \dfrac{\alpha - \nu}{\nu + 1} \right| = 1$. Für alle x des Konvergenzintervalls $(-1, 1)$ strebt die Folge $\{R_n(x)\}$ der Restglieder in $(1 + x)^{\alpha} = \sum\limits_{\nu=0}^{n} \binom{\alpha}{\nu} x^{\nu} + R_n(x)$ gegen 0. Damit hat man die sogenannte binomische Reihe erhalten:

$$(1 + x)^{\alpha} = 1 + \binom{\alpha}{1} x + \binom{\alpha}{2} x^2 + \binom{\alpha}{3} x^3 + \ldots, \quad x \in (-1, 1). \qquad (4.17)$$

Für gewisse α liegt noch Konvergenz in einem oder beiden Randpunkten vor, für $\alpha = m$ bricht die Reihe ab, und es ergibt sich die für alle x gültige binomische Formel $(1 + x)^m = \sum\limits_{\nu=0}^{m} \binom{m}{\nu} x^{\nu}$. Im Fall $\alpha = -1$ folgt aus (4.17)

$$\frac{1}{1 + x} = \sum\limits_{\nu=0}^{\infty} (-1)^{\nu} x^{\nu}, \quad x \in (-1, 1); \qquad (4.18)$$

das ist (bis auf die Ersetzung von x durch $-x$) die bekannte geometrische Reihe mit ihrer Summenfunktion. Für $\alpha = \pm \dfrac{1}{2}$ ergeben sich die speziellen Darstellungen

$$\sqrt{1 + x} = 1 + \frac{1}{2} x - \frac{1}{2 \cdot 4} x^2 + \frac{1 \cdot 3}{2 \cdot 4 \cdot 6} x^3 - \frac{1 \cdot 3 \cdot 5}{2 \cdot 4 \cdot 6 \cdot 8} x^4 + \ldots,$$

$$x \in [-1, 1], \qquad (4.19)$$

$$\frac{1}{\sqrt{1 + x}} = 1 - \frac{1}{2} x + \frac{1 \cdot 3}{2 \cdot 4} x^2 - \frac{1 \cdot 3 \cdot 5}{2 \cdot 4 \cdot 6} x^3 + \frac{1 \cdot 3 \cdot 5 \cdot 7}{2 \cdot 4 \cdot 6 \cdot 8} x^4 - \ldots,$$

$$x \in (-1, +1). \qquad (4.20)$$

Weitere Spezialfälle sind bereits in Beispiel 4.4 angegeben.

Aus (4.18) ergibt sich für $x = t^2$, $t \in (-1, 1)$,

$$\frac{1}{1 + t^2} = 1 - t^2 + t^4 - t^6 + \ldots \qquad (4.21)$$

Nach Satz 4.7 darf diese Reihe zwischen 0 und x, $x \in (-1, 1)$, gliedweise integriert werden. Wegen $\displaystyle\int_{0}^{x} \frac{dt}{1 + t^2} = \arctan x$ erhält man somit

$$\arctan x = x - \frac{x^3}{3} + \frac{x^5}{5} - \ldots, \quad x \in [-1, 1]. \qquad (4.22)$$

Zunächst folgt das Ergebnis allerdings nur für $|x| < 1$. Da aber die Reihe für $x = \pm 1$ noch konvergiert, ist es nach Satz 4.6 auch noch für $x = \pm 1$ gültig. Für $x = 1$ ergibt sich die Leibnizsche Reihe (siehe Beispiel 2.13) mit der Summe $\frac{\pi}{4}$:

$$\frac{\pi}{4} = 1 - \frac{1}{3} + \frac{1}{5} - \dots$$

Die gliedweise Integration der Reihe (4.21) liefert kein Restglied. Beachtet man jedoch

$$\frac{1}{1+x} = 1 - x + x^2 - \dots + (-1)^{n-1} x^{n-1} + (-1)^n \frac{x^n}{1+x},$$

so folgt, wenn man $x = -t^2$ setzt und dann von 0 bis x integriert,

$$\arctan x = x - \frac{x^3}{3} + \frac{x^5}{5} - \dots + (-1)^{n-1} \frac{x^{2n-1}}{2n-1} + R_n(x)$$

mit

$$R_n(x) = (-1)^n \int_0^x \frac{t^{2n}}{1+t^2}\, dt.$$

In diesem Fall haben wir für das Restglied eine explizite Darstellung in Form eines Integrals gefunden. Dieses Restglied hat dasselbe Vorzeichen wie das in der Reihe auf das Glied $(-1)^{n-1} \frac{x^{2n-1}}{2n-1}$ folgende und ist seinem Betrag nach nicht größer als dessen Betrag:

$$|R_n(x)| = \left| \int_0^x \frac{t^{2n}}{1+t^2}\, dt \right| \leqq \left| \int_0^x t^{2n}\, dt \right| = \frac{|x|^{2n+1}}{2n+1}.$$

Die Summe der Arkustangensreihe liegt also stets zwischen zwei aufeinanderfolgenden Teilsummen (vergleiche Zusatz zu Satz 2.15).

Aus (4.20) erhält man für $x = -t^2$, $t \in (-1, 1)$,

$$\frac{1}{\sqrt{1-t^2}} = 1 + \frac{1}{2} t^2 + \frac{1\cdot 3}{2\cdot 4} t^4 + \frac{1\cdot 3\cdot 5}{2\cdot 4\cdot 6} t^6 + \dots, \tag{4.23}$$

und daraus durch gliedweise Integration von 0 bis x wegen $\displaystyle\int_0^x \frac{dt}{\sqrt{1-t^2}} = \arcsin x,$

$$\arcsin x = x + \frac{1}{2} \frac{x^3}{3} + \frac{1\cdot 3}{2\cdot 4} \frac{x^5}{5} + \frac{1\cdot 3\cdot 5}{2\cdot 4\cdot 6} \frac{x^7}{7} + \dots, \quad x \in (-1, 1). \tag{4.24}$$

In gleicher Weise wie (4.22) und (4.24) leitet man die Reihenentwicklungen

$$\operatorname{artanh} x = x + \frac{x^3}{3} + \frac{x^5}{5} + \dots, \quad x \in (-1, 1), \tag{4.25}$$

$$\operatorname{arsinh} x = x - \frac{1}{2} \frac{x^3}{3} + \frac{1\cdot 3}{2\cdot 4} \frac{x^5}{5} - \frac{1\cdot 3\cdot 5}{2\cdot 4\cdot 6} \frac{x^7}{7} + \dots, \quad x \in (-1, 1) \tag{4.26}$$

her.

4.4   Das Rechnen mit Potenzreihen

In 4.3.1. stellten wir fest, daß die Potenzreihenentwicklung einer Funktion $f(x)$ (etwa um die Stelle $x = 0$), sofern sie existiert, eindeutig bestimmt ist und daß sie die Taylorreihe von $f(x)$ (für $x_0 = 0$) ist. Die Berechnung der Taylorkoeffizienten durch Differentiation von $f(x)$ kann im speziellen Fall recht mühevoll sein, so daß wir nach weiteren Methoden zur Gewinnung von Potenzreihenentwicklungen suchen wollen. Es wurde schon in Abschnitt 4.2. gezeigt, daß man durch gliedweise Integration und Differentiation bekannter Potenzreihenentwicklungen neue erhalten kann; ferner ergeben sich neue Entwicklungen durch Addition und Subtraktion bekannter Entwicklungen. Wir wenden uns jetzt noch anderen Methoden zu, darunter der Multiplikation und Division von Potenzreihen. Die Anwendungsmöglichkeiten für dieses Rechnen mit Potenzreihen sind sehr vielseitig, wie im Abschnitt 4.5. anhand von Beispielen gezeigt wird.

4.4.1.   Multiplikation von Potenzreihen

Die Anwendung des Multiplikationssatzes für unendliche Reihen (Satz 2.21) auf Potenzreihen ergibt

Satz 4.12: *Es sei $\sum_{\nu=0}^{\infty} a_\nu x^\nu = s_1(x)$ für $|x| < r_1$, $\sum_{\nu=0}^{\infty} b_\nu x^\nu = s_2(x)$ für $|x| < r_2$ $(r_1, r_2 > 0)$.* **S. 4.12**
Die kleinere der beiden Zahlen r_1, r_2 (im Fall $r_1 = r_2$ diese Zahl selbst) sei mit r bezeichnet. Dann gilt für $|x| < r$

$$\sum_{\nu=0}^{\infty} (a_0 b_\nu + a_1 b_{\nu-1} + \ldots + a_\nu b_0)\, x^\nu = s_1(x) \cdot s_2(x). \tag{4.27}$$

Insbesondere kann also eine Potenzreihe, die die Summenfunktion $s(x)$ für $|x| < r$ hat, mit einer beliebigen natürlichen Zahl $n \geqq 2$ potenziert werden; die entstehende Reihe konvergiert wieder für $|x| < r$ und hat die Summe $(s(x))^n$.

Beispiel 4.6: Aus der Reihenentwicklung

$$\sin x = x - \frac{x^3}{3!} + \frac{x^5}{5!} - \ldots$$

folgt durch Multiplikation der Reihe mit sich selbst

$$\sin^2 x = x^2 - \frac{2}{3!} x^4 + \left(\frac{2}{5!} + \frac{1}{3!^2}\right) x^6 - \ldots = x^2 - \frac{1}{3} x^4 + \frac{2}{45} x^6 - \ldots$$
$$\tag{4.28}$$

Durch Multiplikation dieser Reihe mit der Sinusreihe ergibt sich

$$\sin^3 x = x^3 - \frac{1}{2} x^5 + \frac{13}{120} x^7 - \ldots \tag{4.29}$$

(4.28) und (4.29) sind für alle x gültig.

4.4.2.   Division von Potenzreihen

Über die Division von Potenzreihen gilt der folgende Satz.

Satz 4.13: *Eine Potenzreihe $\sum_{\nu=0}^{\infty} c_\nu x^\nu$ habe die Summe $s(x)$, und es sei $c_0 \neq 0$. Dann kann* **S. 4.13**
die Funktion $\dfrac{1}{s(x)}$ in einer gewissen Umgebung von $x = 0$ durch eine Potenzreihe $\sum_{\nu=0}^{\infty} a_\nu x^\nu$ dargestellt werden.

Dieser Satz, dessen Beweis wir hier übergehen (er ergibt sich aus dem nachfolgenden Satz 4.14), sagt etwas über die Existenz der Potenzreihenentwicklung der Funktion $\dfrac{1}{s(x)}$ aus, jedoch nichts über die Möglichkeit der Berechnung der Koeffizienten a_ν. Dazu wenden wir die Methode der unbestimmten Koeffizienten an, die ein grundlegendes Verfahren zur Gewinnung der Potenzreihenentwicklung einer Funktion $f(x)$ darstellt. Man setzt hierbei die gesuchte Reihe in der Form $\sum\limits_{\nu=0}^{\infty} a_\nu x^\nu$ an, wobei die Koeffizienten a_ν zunächst unbestimmt sind. Ihre Werte liegen jedoch auf Grund des Identitätssatzes für Potenzreihen eindeutig fest, sofern für $f(x)$ überhaupt eine Potenzreihenentwicklung mit dem Mittelpunkt 0 existiert. Wenn das gesichert ist, sucht man mit Hilfe bekannter Eigenschaften über $f(x)$ die Koeffizienten a_ν zu ermitteln. Aber auch wenn die Existenz einer Potenzreihenentwicklung für $f(x)$ um 0 nicht von vornherein feststeht, kann man versuchen, mit der Methode der unbestimmten Koeffizienten zu einem Ergebnis zu kommen (vgl. Beispiele 4.19, 4.20). Man hat dann aber nachträglich die Berechtigung hierzu nachzuweisen, indem man zeigt, daß die erhaltene Reihe tatsächlich konvergiert und $f(x)$ als Summe hat.

Im vorliegenden Fall ist $f(x) = \dfrac{1}{s(x)}$, und unter den Voraussetzungen von Satz 4.13 existiert eine Potenzreihenentwicklung für $f(x)$. Zur Bestimmung der Koeffizienten a_ν kann die Gleichung $s(x)\,f(x) = 1$ herangezogen werden; nach Satz 4.13 gilt für alle x einer gewissen Umgebung von 0

$$\left(\sum_{\nu=0}^{\infty} c_\nu x^\nu\right)\left(\sum_{\nu=0}^{\infty} a_\nu x^\nu\right) = 1.$$

Daraus folgt nach (4.27)

$$c_0 a_0 + \sum_{\nu=1}^{\infty} (c_0 a_\nu + c_1 a_{\nu-1} + \ldots + c_\nu a_0)\, x^\nu = 1,$$

und nach dem Identitätssatz für Potenzreihen müssen die Koeffizienten der x^ν $\nu = 0, 1, 2, \ldots$, auf beiden Seiten gleich sein, d. h., es muß

$$c_0 a_0 = 1, \quad c_0 a_\nu + c_1 a_{\nu-1} + \ldots + c_\nu a_0 = 0 \ \text{für} \ \nu \geqq 1$$

gelten. Als Ergebnis dieses sogenannten Koeffizientenvergleichs hat man nun die Möglichkeit, die unbestimmten Koeffizienten zu berechnen; man erhält nacheinander

$$a_0 = \frac{1}{c_0}, \quad a_1 = -\frac{c_1 a_0}{c_0} = -\frac{c_1}{c_0^2}, \quad a_2 = -\frac{c_1 a_1 + c_2 a_0}{c_0} = \frac{c_1^2 - c_0 c_2}{c_0^3}$$

usw.

In ganz entsprechender Weise berechnet man den Quotienten $\dfrac{\sum\limits_{\nu=0}^{\infty} b_\nu x^\nu}{\sum\limits_{\nu=0}^{\infty} c_\nu x^\nu}$ zweier Potenzreihen mit $c_0 \neq 0$. Auf Grund von Satz 4.13 existiert dann nämlich eine Entwicklung $\sum\limits_{\nu=0}^{\infty} a_\nu x^\nu = \dfrac{1}{\sum\limits_{\nu=0}^{\infty} c_\nu x^\nu}$ in einer Umgebung von $x = 0$, und unser Quotient kann als Produkt aus dieser und der Reihe $\sum\limits_{\nu=0}^{\infty} b_\nu x^\nu$ geschrieben werden. Dieses Produkt ist nach Satz 4.12 wieder eine in einer Umgebung von 0 konvergente Potenzreihe.

Beispiel 4.7: Es sollen die ersten vier Glieder der Potenzreihenentwicklung von $f(x) = \tan x$ um $x = 0$ bestimmt werden (zur vollständigen Entwicklung siehe (4.63)).

Unter Ausnutzung der Gleichung $\tan x = \dfrac{\sin x}{\cos x}$, die für alle $x \in \left(-\dfrac{\pi}{2}, \dfrac{\pi}{2}\right)$ gültig ist, kann die Aufgabe durch Division der Sinusreihe durch die Kosinusreihe (4.12) gelöst werden (es ist $c_0 = \cos 0 = 1$). Da $\tan x$ eine ungerade Funktion ist, treten in der gesuchten Entwicklung nur Potenzen von x mit ungeraden Exponenten auf (vergleiche den Hinweis im Anschluß an (4.12)). Wir setzen daher an:

$$\tan x = a_1 x + a_3 x^3 + a_5 x^5 + \dots$$

Wegen $\tan x \cdot \cos x = \sin x$ gilt dann in einer gewissen Umgebung von $x = 0$

$$(a_1 x + a_3 x^3 + a_5 x^5 + \dots)\left(1 - \frac{x^2}{2!} + \frac{x^4}{4!} - \dots\right) = x - \frac{x^3}{3!} + \frac{x^5}{5!} - \dots.$$

Daraus folgt durch Vergleich der Koeffizienten von $x, x^3, x^5, \dots$ auf beiden Seiten

$$a_1 \cdot 1 = 1, \qquad a_3 \cdot 1 - \frac{a_1}{2!} = -\frac{1}{3!}, \qquad a_5 - \frac{a_3}{2!} + \frac{a_1}{4!} = \frac{1}{5!},$$

und allgemein

$$a_{2\nu+1} - \frac{a_{2\nu-1}}{2!} + \frac{a_{2\nu-3}}{4!} + \dots + (-1)^\nu \frac{a_1}{(2\nu)!} = (-1)^\nu \frac{1}{(2\nu+1)!}$$

Für die ersten vier Koeffizienten errechnet man

$$a_1 = 1, \qquad a_3 = \frac{a_1}{2!} - \frac{1}{3!} = \frac{1}{2} - \frac{1}{6} = \frac{1}{3},$$

$$a_5 = \frac{a_3}{2!} - \frac{a_1}{4!} + \frac{1}{5!} = \frac{1}{6} - \frac{1}{24} + \frac{1}{120} = \frac{2}{15},$$

$$a_7 = \frac{a_5}{2!} - \frac{a_3}{4!} + \frac{a_1}{6!} - \frac{1}{7!} = \frac{1}{15} - \frac{1}{72} + \frac{1}{720} - \frac{1}{5040} = \frac{17}{315},$$

und damit hat man für hinreichend kleine $|x|$:

$$\tan x = x + \frac{1}{3} x^3 + \frac{2}{15} x^5 + \frac{17}{315} x^7 + \dots \qquad (4.30)$$

Der Konvergenzradius dieser Reihe ergibt sich aus anderen Überlegungen zu $r = \dfrac{\pi}{2}$.

4.4.3. Einsetzen einer Potenzreihe in eine andere

Der folgende Satz gibt darüber Auskunft, wie man eine mittelbare Funktion $f(g(x))$ in eine Potenzreihe entwickeln kann, wenn die Potenzreihen für $f(u)$ und $g(x)$ bekannt sind.

Satz 4.14: *Es sei $\sum\limits_{\nu=0}^{\infty} a_\nu u^\nu = f(u)$ für $|u| < r_1$, $\sum\limits_{k=0}^{\infty} b_k x^k = g(x)$ für $|x| < r_2$; ferner sei* **S. 4.14** *$|b_0| < r_1$ $(r_1, r_2 > 0)$. Dann existiert für die mittelbare Funktion $f(g(x))$ in einer gewissen Umgebung von $x = 0$ eine Potenzreihenentwicklung $\sum\limits_{\nu=0}^{\infty} c_\nu x^\nu$. Diese kann man erhalten, indem man in die Reihe $\sum\limits_{\nu=0}^{\infty} a_\nu u^\nu$ für u^ν, $\nu = 1, 2, 3, \dots$, die Reihen $\left(\sum\limits_{k=0}^{\infty} b_k x^k\right)^\nu$ einsetzt und anschließend nach Potenzen von x ordnet.*

Der Satz kann hier nicht bewiesen werden. Es sei nur bemerkt, daß die Voraussetzung $|b_0| < r_1$, also $|g(0)| < r_1$, sichert, daß $|g(x)| < r_1$ auch für hinreichend kleine $|x|$ gilt und somit in die Reihe $\sum\limits_{\nu=0}^{\infty} a_\nu u^\nu$ für u Werte eingesetzt werden, die zum Konvergenzintervall der Reihe gehören. Die Reihe $\sum\limits_{\nu=0}^{\infty} c_\nu x^\nu$ konvergiert wenigstens für diejenigen x, für die $\sum\limits_{k=0}^{\infty} |b_k x^k| < r_1$ gilt. Natürlich kann es im konkreten Fall zweckmäßiger sein, die Reihe für $f(g(x))$ auf anderem Wege herzuleiten, als im Satz angegeben, etwa mit der Methode der unbestimmten Koeffizienten.

Beispiel 4.8: Es sollen die ersten vier Glieder der Potenzreihenentwicklung von $y = f(x) = \ln(1 + \sin x)$ um $x = 0$ bestimmt werden. Hier ist $f(u) = \ln(1 + u) = u - \dfrac{u^2}{2} + \dfrac{u^3}{3} - \dfrac{u^4}{4} + \dots$ mit $r_1 = 1$, $g(x) = \sin x = x - \dfrac{x^3}{3!} + \dfrac{x^5}{5!} - \dots$ mit $r_2 = \infty$. Wegen $b_0 = 0$ ist die Voraussetzung $|b_0| < r_1$ erfüllt. Die ersten Glieder der Potenzreihenentwicklungen von $\sin^2 x$ und $\sin^3 x$ sind in Beispiel 4.6, (4.28) und (4.29), berechnet worden, die Entwicklung von $\sin^4 x$ beginnt offenbar mit x^4. Somit erhält man, wenn man $u = \sin x$ in $\ln(1 + u)$ einsetzt, folgende, in einer gewissen Umgebung von $x = 0$ gültige Entwicklung:

$$\ln(1 + \sin x) = \left(x - \frac{x^3}{3!} + \dots\right) - \frac{1}{2}\left(x^2 - \frac{1}{3}x^4 + \dots\right)$$

$$+ \frac{1}{3}(x^3 - \dots) - \frac{1}{4}(x^4 - \dots) + \dots$$

oder nach Zusammenfassung gleicher Potenzen von x

$$\ln(1 + \sin x) = x - \frac{1}{2}x^2 + \frac{1}{6}x^3 - \frac{1}{12}x^4 + \dots \tag{4.31}$$

Das Konvergenzintervall dieser Reihe ist $\left(-\dfrac{\pi}{2}, \dfrac{\pi}{2}\right)$.

4.4.4.   Umkehrung von Potenzreihen

Abschließend wollen wir das Problem der Umkehrung einer Potenzreihe behandeln, d. h. die Bestimmung der Potenzreihenentwicklung der Umkehrfunktion zu einer durch eine Potenzreihe dargestellten Funktion. Hierüber gilt folgender Existenzsatz.

S. 4.15 **Satz 4.15:** *Es gelte* $f(x) = \sum\limits_{\nu=0}^{\infty} c_\nu x^\nu$ *für* $|x| < r$ $(r > 0)$*, und es sei* $c_1 \neq 0$. *Dann existiert zu der Funktion* $y = f(x)$ *in einer gewissen Umgebung von* $x = 0$ *eine Umkehrfunktion* $x = \varphi(y)$*, und diese besitzt in einer gewissen Umgebung von* $y = c_0$ *eine Potenzreihenentwicklung der Form* $\varphi(y) = \sum\limits_{\nu=1}^{\infty} b_\nu(y - c_0)^\nu$*; dabei ist* $b_1 = \dfrac{1}{c_1}$.

Wir beweisen den Satz nicht, sondern bemerken nur, daß wegen $c_1 = f'(0) \neq 0$ und der Stetigkeit von $f'(x)$ in $(-r, r)$ die hinreichende Bedingung $f'(x) \neq 0$ für die Umkehrbarkeit von $f(x)$ in einer Umgebung von $x = 0$ erfüllt ist.

Die Berechnung der Koeffizienten b_ν kann mit der Methode der unbestimmten Koeffizienten unter Ausnutzung der Beziehung $f(\varphi(y)) = y$ vorgenommen werden.

Wenn wir dabei noch der Einfachheit halber $c_0 = 0$ annehmen, ergibt sich

$$c_1(b_1 y + b_2 y^2 + b_3 y^3 + \ldots) + c_2(b_1^2 y^2 + 2b_1 b_2 y^3 + \ldots)$$
$$+ c_3(b_1^3 y^3 + \ldots) + \ldots = y.$$

Daraus folgt $c_1 b_1 = 1$, also (wie im Satz vermerkt) $b_1 = \dfrac{1}{c_1}$, $c_1 b_2 + c_2 b_1^2 = 0$ und damit $b_2 = -\dfrac{c_2}{c_1^3}$, $c_1 b_3 + 2c_2 b_1 b_2 + c_3 b_1^3 = 0$ und damit $b_3 = \dfrac{2c_2^2 - c_3}{c_1^4}$ usw.

Beispiel 4.9: Die Reihenentwicklung für die Tangensfunktion (vgl. (4.30)) soll durch Reihenumkehr bestimmt werden.

Aus $y = \arctan x = x - \dfrac{x^3}{3} + \dfrac{x^5}{5} - \ldots$, $|x| \leqq 1$, (vgl. (4.22)) mit $c_0 = 0$, $c_1 = 1 \neq 0$ und dem Ansatz

$$x = \tan y = b_1 y + b_3 y^3 + b_5 y^5 + \ldots$$

folgt

$$(b_1 y + b_2 y^3 + b_5 y^5 + \ldots) - \frac{1}{3}(b_1^3 y^3 + 3b_1^2 b_3 y^5 + \ldots)$$

$$+ \frac{1}{5}(b_1^5 y^5 + \ldots) + \ldots = y,$$

und daraus

$$b_1 = 1, \quad b_3 - \frac{1}{3} b_1^3 = 0, \quad \text{also} \quad b_3 = \frac{1}{3}, \quad b_5 - b_1^2 b_3 + \frac{1}{5} b_1^5 = 0,$$

$$\text{also} \quad b_5 = \frac{2}{15} \text{ usw.}$$

Damit hat man (für hinreichend kleine $|y|$)

$$\tan y = y + \frac{1}{3} y^3 + \frac{2}{15} y^5 + \ldots,$$

wie in Beispiel 4.7.

4.5. Anwendungen von Potenzreihen

In den Abschnitten 4.2. und 4.4. sind bereits einfache Beispiele enthalten, die in erster Linie zur Erläuterung und Illustration der dort angeführten Sätze und Methoden dienen sollen. Auf diesen beruhen viele weitergehende Anwendungen, von denen wir einige in diesem Abschnitt behandeln.

4.5.1. Gliedweise Integration

Aus der Integralrechnung (Band 2, Abschnitt 9.1.6.) ist bekannt, daß sich viele aus elementaren Funktionen in einfacher Weise zusammengesetzte Funktionen, wie z. B. $\dfrac{\sin x}{x}$, $\dfrac{e^x}{x}$, e^{-x^2}, nicht in „geschlossener Form" integrieren lassen, d. h., es existieren für diese Funktionen (wenigstens in gewissen Intervallen) zwar Stammfunktionen, doch lassen sich diese nicht durch endlich viele Rechenoperationen aus elementaren

Funktionen zusammensetzen. Die Stammfunktionen lassen sich jedoch häufig durch Potenzreihen darstellen.

Beispiel 4.10: Die Funktion $f(x) = \dfrac{\sin x}{x}$ hat für alle x die Stammfunktion

$$\operatorname{Si} x = \int\limits_0^x \frac{\sin t}{t}\, dt, \tag{4.32}$$

die als Integralsinus bekannt ist. Aus (4.12) folgt (mit $f(0) = 1$)

$$f(t) = \frac{\sin t}{t} = 1 - \frac{t^2}{3!} + \frac{t^4}{5!} - \dots.$$

Nach Satz 4.7 erhält man somit

$$\operatorname{Si} x = x - \frac{x^3}{3 \cdot 3!} + \frac{x^5}{5 \cdot 5!} - \frac{x^7}{7 \cdot 7!} + \dots, \quad x \in (-\infty, \infty). \tag{4.33}$$

Unter Verwendung der ersten drei Reihenglieder ergibt sich auf 5 Dezimalen genau Si $0{,}5 = 0{,}49311$.

Beispiel 4.11: In der Wahrscheinlichkeitsrechnung spielt eine Funktion eine Rolle, die Fehlerintegral (error function) genannt wird und durch

$$\operatorname{erf} x = \frac{2}{\sqrt{\pi}} \int\limits_0^x e^{-t^2}\, dt \tag{4.34}$$

definiert ist (der Faktor vor dem Integral ist so gewählt, daß $\operatorname{erf} \infty = \lim\limits_{x \to \infty} \operatorname{erf} x = 1$ gilt). Aus der Exponentialreihe folgt für $x = -t^2$

$$e^{-t^2} = 1 - \frac{t^2}{1!} + \frac{t^4}{2!} - \frac{t^6}{3!} + \dots, \quad t \in (-\infty, \infty),$$

und damit ergibt sich nach Satz 4.7

$$\operatorname{erf} x = \frac{2}{\sqrt{\pi}} \left(x - \frac{x^3}{3 \cdot 1!} + \frac{x^5}{5 \cdot 2!} - \frac{x^7}{7 \cdot 3!} + \dots \right), \quad x \in (-\infty, \infty). \tag{4.35}$$

Beispiel 4.12: Der Umfang U einer Ellipse mit der Parameterdarstellung $x = a \cos t$, $y = b \sin t$, $0 \le t \le 2\pi$ ($a \ge b$), ergibt sich zu

$$U = \int\limits_0^{2\pi} \sqrt{a^2 \sin^2 t + b^2 \cos^2 t}\, dt = 4 \int\limits_0^{\frac{\pi}{2}} \sqrt{a^2 \sin^2 t + b^2 \cos^2 t}\, dt$$

$$= 4a \int\limits_0^{\frac{\pi}{2}} \sqrt{1 - \varepsilon^2 \cos^2 t}\, dt$$

oder, wenn man t durch $\dfrac{\pi}{2} - t$ ersetzt, zu

$$U = 4a \int\limits_0^{\frac{\pi}{2}} \sqrt{1 - \varepsilon^2 \sin^2 t}\, \mathrm{d}t, \quad \varepsilon^2 = \frac{a^2 - b^2}{a^2}, \quad 0 \leqq \varepsilon < 1 \tag{4.36}$$

(vgl. Band 2, Abschnitt 10.4.1., Bsp. 10.14). Vom Fall des Kreises, in dem $b = a$, also $\varepsilon = 0$ gilt, abgesehen, ist das letzte Integral in (4.36) nicht in geschlossener Form auswertbar. Die Anwendung der binomischen Reihe (4.19) mit $x = -\varepsilon^2 \sin^2 t$ (es ist $\varepsilon^2 \sin^2 t < 1$, so daß Konvergenz vorliegt) ermöglicht die Darstellung des Ellipsenumfangs durch eine unendliche Reihe. Es wird

$$\sqrt{1 - \varepsilon^2 \sin^2 t} = 1 - \frac{1}{2}\varepsilon^2 \sin^2 t - \frac{1}{2 \cdot 4}\varepsilon^4 \sin^4 t - \frac{1 \cdot 3}{2 \cdot 4 \cdot 6}\varepsilon^6 \sin^6 t - \dots,$$

und wegen

$$\int\limits_0^{\frac{\pi}{2}} \sin^{2n} t\, \mathrm{d}t = \frac{1 \cdot 3 \cdot 5 \dots (2n - 1)}{2 \cdot 4 \cdot 6 \dots 2n} \cdot \frac{\pi}{2} \tag{4.37}$$

erhält man aus (4.36)

$$U = 4a \frac{\pi}{2}\left(1 - \frac{1}{2}\cdot\frac{1}{2}\varepsilon^2 - \frac{1}{2 \cdot 4}\cdot\frac{1 \cdot 3}{2 \cdot 4}\varepsilon^4 - \frac{1 \cdot 3}{2 \cdot 4 \cdot 6}\cdot\frac{1 \cdot 3 \cdot 5}{2 \cdot 4 \cdot 6}\varepsilon^6 - \dots\right)$$

oder

$$U = 2\pi a\left(1 - \frac{1}{4}\varepsilon^2 - \frac{3}{64}\varepsilon^4 - \frac{5}{256}\varepsilon^6 - \dots\right). \tag{4.38}$$

Eine für kleine ε brauchbare Näherungsformel für den Ellipsenumfang ist

$$U \approx \pi\left(\frac{3}{2}(a + b) - \sqrt{ab}\right).$$

Durch Entwicklung dieses Näherungsausdrucks nach Potenzen von ε (unter Benutzung der Beziehungen $\dfrac{1}{2}(a + b) = \dfrac{a}{2}(1 + \sqrt{1 - \varepsilon^2})$, $\sqrt{ab} = a\sqrt[4]{1 - \varepsilon^2}$) erhält man nämlich eine Reihe, deren erste Glieder mit den in (4.38) hingeschriebenen Gliedern der Reihe für U vollständig übereinstimmen; erst die Koeffizienten von ε^8 unterscheiden sich um $\dfrac{3}{16384}$.

In Verallgemeinerung der obigen Aufgabe kann man nach der Länge s des Bogens zwischen zwei Ellipsenpunkten fragen. Entsprechend wie oben errechnet sich, wenn man die Punkte mit den Parameterwerten $t = \dfrac{\pi}{2} - \varphi$ und $t = \dfrac{\pi}{2}$, $0 \leqq \varphi \leqq \dfrac{\pi}{2}$, und der Einfachheit halber $a = 1$ wählt, $s = \int\limits_0^{\varphi} \sqrt{1 - \varepsilon^2 \sin^2 t}\, \mathrm{d}t$. Eine solche Funktion von φ und ε nennt man ein elliptisches Integral 2. Gattung. Im allgemeinen schreibt man k anstelle von ε (k heißt Modul) und bezeichnet sie mit $E(k, \varphi)$, also

$$E(k, \varphi) = \int\limits_0^{\varphi} \sqrt{1 - k^2 \sin^2 t}\, \mathrm{d}t, \quad 0 \leqq k < 1; \tag{4.39}$$

4*

sie liegt tabelliert vor (vgl. [1] und [5]). Durch Substitution $x = \sin t$ erhält man für das elliptische Integral 2. Gattung die Darstellung

$$E(k, \varphi) = \int\limits_0^{\sin\varphi} \frac{1 - k^2 x^2}{\sqrt{(1 - x)^2 (1 - k^2 x^2)}}\, dx.$$

Für $\varphi = \dfrac{\pi}{2}$ erhält man eine Funktion von k allein, die vollständiges elliptisches Integral 2. Gattung genannt und mit $E(k)$ bezeichnet wird. Der Ellipsenumfang ergibt sich damit und nach (4.36) zu $U = 4aE(\varepsilon)$. Aus (4.38) folgt daher für $E(k)$ die Potenzreihenentwicklung

$$E(k) = \frac{\pi}{2}\left(1 - \frac{1}{4}k^2 - \frac{3}{64}k^4 - \frac{5}{256}k^6 - \ldots\right). \tag{4.40}$$

Beispiel 4.13: Es soll die Schwingungsdauer T des physikalischen Pendels bestimmt werden. Die Schwingungen eines physikalischen Pendels – d. i. ein um eine horizontale Achse drehbarer Körper, der unter dem Einfluß der Schwerkraft Schwingungen ausführen kann – genügen der Differentialgleichung

$$\varphi'' = -\omega^2 \sin\varphi; \tag{4.41}$$

dabei ist $\varphi = \varphi(t)$ der Ausschlagswinkel (gemessen von der Gleichgewichtslage aus), und ω ist eine Konstante, die sich aus $\omega = \dfrac{mga}{I}$ bestimmt (m Pendelmasse, g Erdbeschleunigung, a Abstand des Pendelschwerpunktes von der Drehachse, I Trägheitsmoment des Pendels bezüglich dieser Achse). Zu dem Zeitpunkt, in dem φ seinen Maximalwert, der mit α bezeichnet werde, erreicht hat, ist das Pendel in Ruhe; es gilt also $\varphi'(t) = 0$ für $\varphi = \alpha$. Ferner wollen wir annehmen, daß das Pendel zur Zeit $t = 0$ dnrch die Gleichgewichtslage geht, also $\varphi(0) = 0$ ist. Unter Berücksichtigung dieser beiden Bedingungen hat die Differentialgleichung (4.41) im Intervall $0 \leqq \varphi \leqq \alpha$ die eindeutig bestimmte Lösung

$$t = \frac{1}{2\omega} \int\limits_0^\varphi \frac{d\varphi}{\sqrt{\sin^2 \dfrac{\alpha}{2} - \sin^2 \dfrac{\varphi}{2}}} \tag{4.42}$$

(aus Symmetriegründen können wir uns auf die Betrachtung des Intervalls $0 \leqq \varphi \leqq \alpha$ beschränken).

Dem Anwachsen des Winkels φ von 0 bis α entspricht eine Viertelschwingung. Für $\varphi = \alpha$ wird daher $t = \dfrac{T}{4}$, so daß sich aus (4.42) die Schwingungsdauer bestimmen läßt. Das dort auftretende Integral ist jedoch ein sogenanntes elliptisches Integral 1. Gattung.

Wir wollen es zunächst noch etwas umformen, und zwar substituieren wir

$$\sin \frac{\varphi}{2} = k \sin\psi \quad \text{mit} \quad k = \sin\frac{\alpha}{2}. \tag{4.43}$$

Dem Intervall $0 \leqq \varphi \leqq \alpha$ entspricht dann das Intervall $0 \leqq \psi \leqq \dfrac{\pi}{2}$; ferner wird

$$\sin^2 \frac{\alpha}{2} - \sin^2 \frac{\varphi}{2} = k^2 - k^2 \sin^2 \psi = k^2 \cos^2 \psi, \ \frac{1}{2} \cos \frac{\varphi}{2} \frac{d\varphi}{dt} = k \cos \psi \frac{d\psi}{dt} \ \text{und damit}$$

$$d\varphi = \frac{2k \cos \psi}{\sqrt{1 - \sin^2 \frac{\varphi}{2}}} \, d\psi = \frac{2k \cos \psi}{\sqrt{1 - k^2 \sin^2 \psi}} \, d\psi, \ \text{so daß wir}$$

$$\int_0^{\varphi} \frac{d\varphi}{\sqrt{\sin^2 \frac{\alpha}{2} - \sin^2 \frac{\varphi}{2}}} = 2 \int_0^{\psi} \frac{d\psi}{\sqrt{1 - k^2 \sin^2 \psi}} \tag{4.44}$$

erhalten. Die Funktion

$$F(k, \psi) = \int_0^{\psi} \frac{d\psi}{\sqrt{1 - k^2 \sin^2 \psi}} \tag{4.45}$$

nennt man Normalform des elliptischen Integrals 1. Gattung. (4.42) läßt sich nun wegen (4.44), (4.45) in der Form

$$t = \frac{1}{\omega} F(k, \psi) \tag{4.46}$$

darstellen.

Nach der Bemerkung im Anschluß an (4.42) ergibt sich $t = \dfrac{T}{4}$ für $\varphi = \alpha$, also für $\psi = \dfrac{\pi}{2}$. Somit folgt aus (4.46) für die Schwingungsdauer des Pendels

$$T = \frac{4}{\omega} F\left(k, \frac{\pi}{2}\right) = 4 \sqrt{\frac{I}{mga}} \, F\left(k, \frac{\pi}{2}\right). \tag{4.47}$$

$F\left(k, \dfrac{\pi}{2}\right)$ ist eine Funktion allein von k; sie heißt vollständiges elliptisches Integral 1. Gattung und wird mit $K(k)$ bezeichnet. Für die Auswertung von (4.47) verwendet man unendliche Reihen. Unter Benutzung der binomischen Reihe (4.20) ergibt sich

$$\frac{1}{\sqrt{1 - k^2 \sin^2 \psi}} = 1 + \frac{1}{2} k^2 \sin^2 \psi + \frac{1 \cdot 3}{2 \cdot 4} k^4 \sin^4 \psi + \dots,$$

und wegen (4.37) weiter

$$K(k) = \frac{\pi}{2} \left(1 + \left(\frac{1}{2}\right)^2 k^2 + \left(\frac{1 \cdot 3}{2 \cdot 4}\right)^2 k^4 + \dots\right), \tag{4.48}$$

also für die Schwingungsdauer wegen (4.43), (4.47)

$$T = 2\pi \sqrt{\frac{I}{mga}} \left(1 + \frac{1}{4} \sin^2 \frac{\alpha}{2} + \frac{9}{64} \sin^4 \frac{\alpha}{2} + \dots\right). \tag{4.49}$$

Für sehr kleine α kann man $\sin \dfrac{\alpha}{2}$ vernachlässigen und erhält aus (4.49) – oder auch direkt aus (4.47), (4.45) für $k = 0$ – den Näherungswert

$$T \approx 2\pi \sqrt{\frac{I}{mga}}. \tag{4.50}$$

Bei einem mathematischen Pendel der Länge l, das eine Idealisierung des physikalischen Pendels darstellt, ist $a = l$, $I = ml^2$, und es folgt die bekannte Beziehung

$$T \approx 2\pi \sqrt{\frac{l}{g}} \tag{4.51}$$

für den Fall, daß der maximale Ausschlagwinkel klein ist.

Eine genauere, häufig verwendete Näherungsformel für die Schwingungsdauer des physikalischen Pendels ergibt sich aus (4.49), wenn man noch ein weiteres Reihenglied heranzieht und die für kleine α gültige Beziehung $\sin \frac{\alpha}{2} \approx \frac{\alpha}{2}$ benutzt:

$$T \approx 2\pi \sqrt{\frac{I}{mga}} \left(1 + \frac{\alpha^2}{16}\right). \tag{4.52}$$

Beispiel 4.14: Es soll das uneigentliche Integral $\int\limits_{\sqrt{3}}^{\infty} \left(\arctan \frac{1}{x} - \frac{1}{x}\right) dx$ berechnet werden. Wenn man die Arkustangensreihe (4.22) benutzt und x durch $\frac{1}{x}$ ersetzt, erhält man

$$\arctan \frac{1}{x} = \frac{1}{x} - \frac{1}{3x^3} + \frac{1}{5x^5} - \dots . \tag{4.53}$$

Hier hat man es nicht mehr mit einer Potenzreihe zu tun (man sagt mitunter, es liege eine „Potenzreihe in $\frac{1}{x}$" vor). Die Reihe (4.53) konvergiert – auf Grund der Ersetzung von x durch $\frac{1}{x}$ – außerhalb des Konvergenzintervalls der Arkustangensreihe (4.22), genauer: für $|x| \geqq 1$. Reihen dieser Art kann man benutzen, um auch uneigentliche Integrale näherungsweise zu berechnen. Nach Subtraktion von $\frac{1}{x}$ in (4.53) und gliedweiser Integration ergibt sich

$$\int\limits_{\sqrt{3}}^{\infty} \left(\arctan \frac{1}{x} - \frac{1}{x}\right) dx = -\int\limits_{\sqrt{3}}^{\infty} \frac{dx}{3x^3} + \int\limits_{\sqrt{3}}^{\infty} \frac{dx}{5x^5} - \int\limits_{\sqrt{3}}^{\infty} \frac{dx}{7x^7} + \int\limits_{\sqrt{3}}^{\infty} \frac{dx}{9x^9} - \dots$$

$$= -\frac{1}{2\cdot 3\cdot 3} + \frac{1}{4\cdot 5\cdot 3^2} - \frac{1}{6\cdot 7\cdot 3^3} + \frac{1}{8\cdot 9\cdot 3^4} - \dots .$$

Die Summe der ersten vier Reihenglieder ist $-0{,}05071$, die der ersten fünf $-0{,}05075$ (jeweils auf fünf Dezimalen genau). Da die Reihe alterniert und die Beträge ihrer Glieder monoton gegen 0 streben, liegt die Reihensumme zwischen beiden Werten.

Auf vier Dezimalen genau ist also $\int\limits_{\sqrt{3}}^{\infty} \left(\arctan \frac{1}{x} - \frac{1}{x}\right) dx = -0{,}0507$.

Der exakte Wert unseres Integrals ist

$$\int\limits_{\sqrt{3}}^{\infty} \left(\arctan \frac{1}{x} - \frac{1}{x}\right) dx = 1 - \frac{\pi}{6}\sqrt{3} - \frac{1}{2}\ln \frac{4}{3} = -0{,}050748 .$$

Die Berechtigung zu obigem Vorgehen ergibt sich daraus, daß die Substitution $t = \dfrac{1}{x}$ auf das Integral $\displaystyle\int_0^{1/\sqrt{3}} \dfrac{\arctan t - t}{t^2}\, dt$ führt, für das gliedweise Integration der Potenzreihenentwicklung des Integranden gestattet ist.

4.5.2. Multiplikation von Potenzreihen

Beispiel 4.15: Es soll das Additionstheorem der Exponentialfunktion mit Hilfe unendlicher Reihen hergeleitet werden. Wenn x_1, x_2 zwei beliebige reelle Zahlen sind, so gilt

$$e^{x_1} \cdot e^{x_2} = \left(1 + \frac{x_1}{1!} + \frac{x_1^2}{2!} + \frac{x_1^3}{3!} + \ldots\right)\left(1 + \frac{x_2}{1!} + \frac{x_2^2}{2!} + \frac{x_2^3}{3!} + \ldots\right)$$

$$= 1 + \frac{x_1 + x_2}{1!} + \left(\frac{x_1^2}{2!} + \frac{x_1}{1!}\frac{x_2}{1!} + \frac{x_2^2}{2!}\right) + \ldots \tag{4.54}$$

$$\ldots + \left(\frac{x_1^n}{n!} + \frac{x_1^{n-1}x_2}{(n-1)!1!} + \frac{x_1^{n-2}x_2^2}{(n-2)!2!} + \ldots + \frac{x_2^n}{n!}\right) + \ldots .$$

Wegen $\dbinom{n}{k} = \dfrac{n!}{k!\,(n-k)!}$, $\quad k = 0, 1, \ldots, n$, wird

$$\frac{x_1^n}{n!} + \frac{x_1^{n-1}x_2}{(n-1)!\,1!} + \frac{x_1^{n-2}x_2^2}{(n-2)!\,2!} + \ldots + \frac{x_2^n}{n!}$$

$$= \frac{1}{n!}\left[x_1^n + \binom{n}{1}x_1^{n-1}x_2 + \binom{n}{2}x_1^{n-2}x_2^2 + \ldots + x_2^n\right] = \frac{(x_1 + x_2)^n}{n!};$$

dabei wurde zuletzt der binomische Satz benutzt. Also folgt aus (4.54)

$$e^{x_1} \cdot e^{x_2} = 1 + \frac{x_1 + x_2}{1!} + \frac{(x_1 + x_2)^2}{2!} + \ldots + \frac{(x_1 + x_2)^n}{n!} + \ldots = e^{x_1 + x_2}.$$

Somit hat man das Additionstheorem

$$e^{x_1 + x_2} = e^{x_1} \cdot e^{x_2}, \tag{4.55}$$

x_1 und x_2 beliebig reell, erhalten. Das Resultat kann in gleicher Weise auch für komplexe Zahlen x_1, x_2 gewonnen werden (siehe Band 9).

4.5.3. Division von Potenzreihen

Beispiel 4.16: Auf ein für viele Anwendungen wichtiges Beispiel führt die Entwicklung der Funktion

$$f(x) = \frac{x}{e^x - 1} \quad \text{für } x \neq 0, \quad f(0) = 1, \tag{4.56}$$

in eine Potenzreihe ($f(0)$ ist als Grenzwert von $f(x)$ für $x \to 0$ definiert und im folgenden immer so zu verstehen). Es ist

$$f(x) = \frac{x}{x + \dfrac{x^2}{2!} + \dfrac{x^3}{3!} + \ldots} = \frac{1}{1 + \dfrac{x}{2!} + \dfrac{x^2}{3!} + \ldots},$$

und daher existiert nach Satz 4.13 in einer gewissen Umgebung U von $x = 0$ eine Potenzreihenentwicklung für $f(x)$. Zu ihrer Herleitung setzen wir mit unbestimmten Koeffizienten an:

$$f(x) = \sum_{\nu=0}^{\infty} \frac{B_\nu}{\nu!} x^\nu. \qquad (4.57)$$

Die hier gewählte Form für die Koeffizienten ist für ihre Berechnung zweckmäßig. In U gilt dann

$$\left(1 + \frac{x}{2!} + \frac{x^2}{3!} + \dots\right)\left(B_0 + \frac{B_1}{1!} x + \frac{B_2}{2!} x^2 + \dots\right) = 1,$$

also $B_0 = 1$, $\quad \dfrac{B_1}{1!} + \dfrac{B_0}{2!} = 0$, $\quad \dfrac{B_2}{2!} + \dfrac{B_1}{1!\,2!} + \dfrac{B_0}{3!} = 0$, $\quad$ usw., allgemein

$$\frac{B_\nu}{\nu!\,1!} + \frac{B_{\nu-1}}{(\nu-1)!\,2!} + \dots + \frac{B_0}{(\nu+1)!} = 0 \quad \text{für } \nu = 1, 2, 3, \dots.$$

Multipliziert man die letzten Gleichungen mit $(\nu + 1)!$, so gehen sie wegen

$$\frac{(\nu + 1)!}{(\nu + 1 - k)!\,k!} = \binom{\nu + 1}{k}$$

über in

$$\binom{\nu + 1}{1} B_\nu + \binom{\nu + 1}{2} B_{\nu-1} + \dots + \binom{\nu + 1}{\nu + 1} B_0 = 0, \quad \nu = 1, 2, 3, \dots. \qquad (4.58)$$

Hierfür kann man auch symbolisch

$$(B + 1)^{\nu+1} - B^{\nu+1} = 0, \quad \nu = 1, 2, 3, \dots, \qquad (4.58')$$

schreiben, wenn man vereinbart, die Exponenten von B durch Indizes zu ersetzen, nachdem man $(B + 1)^\nu$ mit dem binomischen Satz gebildet hat. Aus der Rekursionsformel (4.58) bzw. (4.58') ergibt sich nacheinander

$$2B_1 + 1 = 0,$$
$$3B_2 + 3B_1 + 1 = 0,$$
$$4B_3 + 6B_2 + 4B_1 + 1 = 0,$$
$$5B_4 + 10B_3 + 10B_2 + 5B_1 + 1 = 0$$

usw., und daraus folgt

$$B_1 = -\frac{1}{2}, \quad B_2 = \frac{1}{6}, \quad B_3 = 0, \quad B_4 = -\frac{1}{30}, \dots.$$

Die Zahlen B_ν heißen Bernoullische Zahlen. Der Anfang der Reihenentwicklung (4.57) ist somit $f(x) = 1 - \dfrac{1}{2} x + \dfrac{1}{12} x^2 - \dfrac{1}{720} x^4 + \dots$. Außer B_1 verschwinden alle B_ν mit ungeradem Index, wie sich durch folgende Überlegung ergibt. Formt man $f(x) + \dfrac{1}{2} x$ wie folgt um:

$$f(x) + \frac{x}{2} = \frac{x}{e^x - 1} + \frac{x}{2} = \frac{x}{2}\,\frac{e^x + 1}{e^x - 1} = \frac{x}{2}\,\frac{e^{\frac{x}{2}} + e^{-\frac{x}{2}}}{e^{\frac{x}{2}} - e^{-\frac{x}{2}}} = \frac{x}{2} \coth \frac{x}{2},$$

$$(4.59)$$

so erkennt man, da die Funktion $\coth x$ ungerade ist, daß $x \coth x$ und damit $f(x) + \dfrac{x}{2}$ gerade sind (man sieht das auch unmittelbar an dem vorletzten Ausdruck in (4.59)). Daher erhält die Potenzreihenentwicklung von $f(x) + \dfrac{x}{2}$ nur gerade Potenzen von x, und es ist

$$B_3 = B_5 = B_7 = \ldots = 0. \tag{4.60}$$

Einige weitere Bernoullische Zahlen sind $B_6 = \dfrac{1}{42}$, $B_8 = -\dfrac{1}{30}$, $B_{10} = \dfrac{5}{66}$. Man kann mit funktionentheoretischen Mitteln (die uns hier noch nicht zur Verfügung stehen) leicht zeigen, daß die Reihe (4.57) für $|x| < 2\pi$ konvergiert.

Beispiel 4.17: Ersetzt man in (4.59) x durch $2x$, so erhält man aus (4.57) und (4.60) für

$$x \coth x = \cosh x \frac{x}{\sinh x}$$

die Entwicklung

$$x \coth x = \frac{1 + \dfrac{x^2}{2!} + \dfrac{x^4}{4!} + \cdots}{1 + \dfrac{x^2}{3!} + \dfrac{x^4}{5!} + \cdots} = \sum_{\nu=0}^{\infty} \frac{B_{2\nu}}{(2\nu)!} (2x)^{2\nu}, \quad |x| < \pi. \tag{4.61}$$

Da sich die Reihen für $\cos x$ und $\sin x$ von denen der entsprechenden Hyperbelfunktionen nur durch alternierende Vorzeichen unterscheiden, folgt mit einer einfachen Überlegung, die wir dem Leser überlassen, aus (4.61)

$$x \cot x = \sum_{\nu=0}^{\infty} (-1)^{\nu} \frac{2^{2\nu} B_{2\nu}}{(2\nu)!} x^{2\nu}, \quad |x| < \pi. \tag{4.62}$$

Endlich erhält man mit Hilfe der Formel $\tan x = \cot x - 2 \cot 2x$ noch

$$\tan x = \sum_{\nu=1}^{\infty} (-1)^{\nu-1} \frac{2^{2\nu}(2^{2\nu} - 1) B_{2\nu}}{(2\nu)!} x^{2\nu-1}, \quad |x| < \frac{\pi}{2} \tag{4.63}$$

(bezüglich der ersten Glieder dieser Entwicklung vergleiche man (4.30)).

Die Bernoullischen Zahlen gestatten also, in der Potenzreihenentwicklung einiger elementarer Funktionen das allgemeine Glied auszudrücken. Als weitere Anwendung sei genannt, daß sich mit ihrer Hilfe die Summen der Reihen $\sum\limits_{\nu=1}^{\infty} \dfrac{1}{\nu^{2k}}$ angeben lassen; es gilt

$$\sum_{\nu=1}^{\infty} \frac{1}{\nu^{2k}} = (-1)^{k-1} \frac{B_{2k}(2\pi)^{2k}}{2 \cdot (2k)!}, \quad k = 1, 2, 3, \ldots. \tag{4.64}$$

Für $k = 1, 2$ folgen insbesondere

$$\sum_{\nu=1}^{\infty} \frac{1}{\nu^2} = \frac{\pi^2}{6}, \qquad \sum_{\nu=1}^{\infty} \frac{1}{\nu^4} = \frac{\pi^4}{90}. \tag{4.65}$$

4.5.4. Einsetzen einer Potenzreihe in eine andere

Beispiel 4.18: Es soll die Funktion $f(x) = e^{g(x)}$ in eine Potenzreihe entwickelt werden, wenn die Entwicklung der Funktion $g(x)$ bekannt ist: $g(x) = \sum\limits_{\nu=0}^{\infty} b_\nu x^\nu$, $|x| < r$. Da die Exponentialreihe beständig konvergiert, darf Satz 4.14 angewendet werden. Der

Einfachheit halber führen wir die Rechnung für den Fall $b_0 = g(0) = 0$ durch. Ist diese Bedingung nicht erfüllt, so ergibt sich wegen $e^{g(x)} = e^{b_0 + g_1(x)} = e^{b_0} \cdot e^{g_1(x)}$ mit $g_1(x) = \sum\limits_{\nu=1}^{\infty} b_\nu x^\nu$ in der Entwicklung von $e^{g(x)}$ lediglich der zusätzliche Faktor e^{b_0}. Es wird

$$
\begin{aligned}
f(x) &= c_0 + c_1 x + c_2 x^2 + c_3 x^3 + \dots \\
&= 1 + (b_1 x + b_2 x^2 + b_3 x^3 + \dots) + \frac{1}{2!}(b_1^2 x^2 + 2 b_1 b_2 x^3 + \dots) \\
&\quad + \frac{1}{3!}(b_1^3 x^3 + \dots) + \dots,
\end{aligned}
$$

woraus

$$
c_0 = 1, \quad c_1 = b_1, \quad c_2 = b_2 + \frac{1}{2} b_1^2, \quad c_3 = b_3 + b_1 b_2 + \frac{1}{6} b_1^3 \quad \text{usw.}
$$

folgt.

Die Formeln zur Berechnung der Koeffizienten c_ν werden jedoch übersichtlicher, wenn man statt des eben benutzten Weges $f(x) = \sum\limits_{\nu=0}^{\infty} c_\nu x^\nu$ mit unbestimmten Koeffizienten c_ν ansetzt, zur Berechnung der Koeffizienten die Beziehung

$$
f'(x) = e^{g(x)} g'(x) = f(x)\, g'(x) \tag{4.66}
$$

heranzieht und $c_0 = f(0) = e^0 = 1$ beachtet. Setzt man in (4.66) die Reihen ein, so ergibt sich

$$
c_1 + 2 c_2 x + 3 c_3 x^2 + \dots = (1 + c_1 x + c_2 x^2 + \dots)(b_1 + 2 b_2 x + 3 b_3 x^2 + \dots),
$$

und daraus folgt

$$
c_1 = b_1, \qquad 2 c_2 = 2 b_2 + c_1 b_1, \qquad 3 c_3 = 3 b_3 + 2 c_1 b_2 + c_2 b_1,
$$

allgemein

$$
c_n = \frac{1}{n}\left[n b_n + (n-1) c_1 b_{n-1} + \dots + 2 c_{n-2} b_2 + c_{n-1} b_1 \right], \quad n = 1, 2, \dots \tag{4.67}
$$

Mitgeteilt sei, daß sich die c_n geschlossen in der Form

$$
c_n = \sum \frac{b_1^{\lambda_1} b_2^{\lambda_2} \dots b_n^{\lambda_n}}{\lambda_1! \lambda_2! \dots \lambda_n!} \tag{4.68}
$$

darstellen lassen, wobei über alle n-tupel $(\lambda_1, \lambda_2, \dots, \lambda_n)$ von nichtnegativen ganzen Zahlen zu summieren ist, die der Gleichung $\lambda_1 + 2\lambda_2 + \dots + n\lambda_n = n$ genügen. Zum Beispiel ergibt sich für $g(x) = \sin x$ aus (4.12), (4.67)

$$
c_1 = 1, \quad 2 c_2 = 1, \quad 3 c_3 = -\frac{1}{2} + \frac{1}{2} = 0, \quad 4 c_4 = -\frac{1}{2},
$$

$$
5 c_5 = \frac{1}{24} - \frac{1}{4} - \frac{1}{8} = -\frac{1}{3} \quad \text{usw.;}
$$

also gilt

$$
e^{\sin x} = 1 + x + \frac{1}{2} x^2 - \frac{1}{8} x^4 - \frac{1}{15} x^5 - \dots. \tag{4.69}
$$

Beispiel 4.19: Es soll eine Rekursionsformel für die Koeffizienten der Entwicklung der Funktion

$$g(x, t) = \frac{1}{\sqrt{1 - 2xt + t^2}} = (1 + (t^2 - 2xt))^{-\frac{1}{2}} \tag{4.70}$$

nach Potenzen von t hergeleitet werden. Auch diese Aufgabe können wir in diesen Unterabschnitt einordnen, wenn hier in die binomische Reihe für $(1 + u)^{-\frac{1}{2}}$ auch nur eine „endliche" Entwicklung, nämlich das Polynom $u = t^2 - 2xt$, einzusetzen ist.

Wegen des Koeffizienten $-2x$ bei t ist der Koeffizient von t^n in der Reihenentwicklung von $g(x, t)$ nach Potenzen von t ein gewisses Polynom $P_n(x)$ vom Grade n, also

$$(1 - 2xt + t^2)^{-\frac{1}{2}} = \sum_{n=0}^{\infty} P_n(x)\, t^n. \tag{4.71}$$

Die Reihe konvergiert, wenn $|u| = |t^2 - 2xt| < 1$ gilt. Würde man nun die binomische Reihe aufschreiben und $u = t^2 - 2xt$ einsetzen, könnte man – wie im Beispiel zuvor – lediglich einige $P_n(x)$ berechnen, aber keine Rekursionsformel erhalten. Daher schlagen wir einen anderen Weg ein, der dem im Beispiel 4.18 ähnlich ist.

Zunächst erkennt man aus (4.70) $g(x, 0) = 1$ und $P_0(x) = 1$. Differenziert man (4.71) nach t, so ergibt sich

$$\frac{x - t}{(1 - 2xt + t^2)^{3/2}} = \sum_{n=1}^{\infty} nP_n(x)\, t^{n-1},$$

oder, wenn man berücksichtigt, daß man für die linke Seite $\dfrac{x - t}{1 - 2xt + t^2}\, g(x, t)$ schreiben kann,

$$(1 - 2xt + t^2) \sum_{n=1}^{\infty} nP_n(x)\, t^{n-1} = (x - t) \sum_{n=0}^{\infty} P_n(x)\, t^n. \tag{4.72}$$

Jetzt lassen sich die $P_n(x)$ durch Koeffizientenvergleich bestimmen. Dazu multiplizieren wir noch die einzelnen Faktoren in die Reihe hinein und verschieben, wo nötig, den Summationsindex. (4.72) geht dann über in

$$P_1(x) + \sum_{n=1}^{\infty} ((n + 1)\, P_{n+1}(x) - 2xnP_n(x) + (n - 1)\, P_{n-1}(x))\, t^n$$

$$= xP_0(x) + \sum_{n=1}^{\infty} (xP_n(x) - P_{n-1}(x))\, t^n.$$

Hieraus entnimmt man $P_1(x) = xP_0(x)$, also $P_1(x) = x$ wegen $P_0(x) = 1$, und für $n \geq 1$

$$(n + 1)\, P_{n+1}(x) - 2xnP_n(x) + (n - 1)\, P_{n-1}(x) = xP_n(x) - P_{n-1}(x)$$

oder

$$(n + 1)\, P_{n+1}(x) - (2n + 1)\, xP_n(x) + nP_{n-1}(x) = 0, \quad n = 1, 2, 3, \ldots . \tag{4.73}$$

Das ist die gesuchte Rekursionsformel. Da $P_0(x)$ und $P_1(x)$ bekannt sind, kann man mit ihr sukzessive alle Polynome $P_n(x)$ berechnen. Zum Beispiel ist $P_2(x) = \frac{1}{2}(3x^2 - 1)$, $P_3(x) = \frac{1}{2}(5x^3 - 3x)$. Die $P_n(x)$ heißen Legendresche Polynome. Sie sind als Koeffizienten der Entwicklung der Funktion (4.70) nach Potenzen von t eindeutig bestimmt. Daher nennt man $g(x, t)$ erzeugende Funktion der Legendreschen Polynome.

4.5.5. Lösung von gewöhnlichen Differentialgleichungen mit Hilfe eines Reihenansatzes

Das in Beispiel 4.18 benutzte Verfahren zur Bestimmung der Potenzreihenentwicklung der Funktion $f(x) = e^{g(x)}$ besteht im Grunde genommen darin (vergleiche (4.66)), die Lösung der Differentialgleichung $y' = g'(x)\,y$ bei gegebenem $g'(x)$ unter der Anfangsbedingung $y(0) = 1$ mit Hilfe eines Potenzreihenansatzes mit unbestimmten Koeffizienten zu bestimmen. Dieser Weg zur Lösung einer Differentialgleichung kann oft mit Erfolg beschritten werden. Eine ausführliche Darstellung der Methode findet sich in Band 7/2, Abschnitt 5. Hier werden nur einige Beispiele gegeben, und zwar sollen die ersten beiden den prinzipiellen Weg demonstrieren, während die Beispiele 4.22 und 4.23 den Leser mit zwei wichtigen Differentialgleichungen und ihren Lösungen in Form von Potenzreihen bekannt machen.

Beispiel 4.20: Es soll die Differentialgleichung

$$y'' = xy \tag{4.74}$$

mit den Anfangsbedingungen

$$y(0) = 1, \qquad y'(0) = 0 \tag{4.75}$$

gelöst werden. Unter der Annahme, daß sich die Lösung in einer Umgebung von $x = 0$ durch eine Potenzreihe darstellen läßt (Band 7/2, Satz 5.2), setzen wir an:

$$y(x) = \sum_{\nu=0}^{\infty} c_\nu x^\nu. \tag{4.76}$$

Wegen der Anfangsbedingungen (4.75) muß $c_0 = y(0) = 1$, $c_1 = y'(0) = 0$ gelten. Da in der Differentialgleichung y'' auftritt, differenzieren wir (4.76) zweimal und erhalten

$$y''(x) = \sum_{\nu=2}^{\infty} \nu(\nu - 1)\, c_\nu x^{\nu-2}. \tag{4.77}$$

Setzen wir die Reihen (4.76) und (4.77) in die Differentialgleichung (4.74) ein, ergibt sich, wenn wir in (4.77) ν durch $\mu + 3$ ersetzen und dann wieder ν für μ schreiben,

$$2c_2 + \sum_{\nu=0}^{\infty} (\nu + 3)(\nu + 2)\, c_{\nu+3} x^{\nu+1} = \sum_{\nu=0}^{\infty} c_\nu x^{\nu+1}. \tag{4.78}$$

Hieraus folgt $c_2 = 0$ und $c_{\nu+3} = \dfrac{c_\nu}{(\nu + 3)(\nu + 2)}$, $\nu = 0, 1, 2, \ldots$.

Wegen $c_1 = c_2 = 0$ gilt $c_{3\mu+1} = c_{3\mu+2} = 0$ für alle $\mu = 0, 1, 2, \ldots$, und für $\nu = 3\mu$ erhalten wir wegen $c_0 = 1$

$$c_{3\mu} = \frac{c_{3\mu-3}}{3\mu(3\mu - 1)} = \frac{c_{3\mu-6}}{3\mu(3\mu - 1)(3\mu - 3)(3\mu - 4)}$$

$$= \frac{1}{3\mu(3\mu - 1)(3\mu - 3)(3\mu - 4) \ldots 3 \cdot 2}$$

oder, indem wir mit $1 \cdot 4 \cdot 7 \ldots (3\mu - 2)$ erweitern,

$$c_{3\mu} = \frac{1 \cdot 4 \cdot 7 \ldots (3\mu - 2)}{(3\mu)!}, \quad \mu = 0, 1, 2, \ldots.$$

Die Ansatzreihe (4.76) lautet somit

$$y(x) = 1 + \frac{1}{3!}\,x^3 + \frac{1\cdot 4}{6!}\,x^6 + \frac{1\cdot 4\cdot 7}{9!}\,x^9 + \dots \qquad (4.79)$$

Wegen $\lim\limits_{\mu\to\infty}\left|\dfrac{c_{3\mu}x^{3\mu}}{c_{3\mu-3}x^{3\mu-3}}\right| = \lim\limits_{\mu\to\infty}\dfrac{|x|^3}{3\mu(3\mu-1)} = 0$ für jedes x ist die Reihe nach dem Quotientenkriterium beständig konvergent. Man bestätigt leicht, daß die Summenfunktion $s(x)$ der Reihe in (4.79) den Beziehungen $s''(x) = xs(x)$, $s(0) = 1$, $s'(0) = 0$ genügt (dieser Nachweis ist erforderlich, da wir hier den Ansatz (4.76) mit unbestimmten Koeffizienten verwendet haben, ohne von vornherein zu wissen, ob eine Lösung dieser Art existiert). Somit ist (4.79) Lösung der gestellten Aufgabe (4.74), (4.75). Die Lösung ist wegen der raschen Konvergenz der Reihe numerisch gut auswertbar. So errechnet man nur mit den ersten drei Reihengliedern $y(\tfrac{1}{2})$ $= 1{,}020920$ (auf sechs Dezimalen genau).

Beispiel 4.21: Die Differentialgleichung

$$y' = y^2 + \cos x \qquad (4.80)$$

(eine sogenannte Riccatische Differentialgleichung) mit der Anfangsbedingung

$$y(0) = 0 \qquad (4.81)$$

soll mit Hilfe eines Reihenansatzes gelöst werden. Wir setzen – wieder unter der Annahme, daß die Lösung in Form einer Potenzreihe um $x = 0$ darstellbar ist – (4.76) an und berücksichtigen $c_0 = 0$ wegen (4.81). Dann wird

$$y' = c_1 + 2c_2 x + 3c_3 x^2 + 4c_4 x^3 + 5c_5 x^4 + \dots,$$
$$y^2 = c_1^2 x^2 + 2c_1 c_2 x^3 + (2c_1 c_3 + c_2^2)\,x^4 + \dots.$$

Ziehen wir die Kosinusreihe (4.12) heran, so folgt aus (4.80), wenn wir die Glieder bis zur 4. Ordnung berücksichtigen,

$$c_1 + 2c_2 x + 3c_3 x^2 + 4c_4 x^3 + 5c_5 x^4 + \dots$$
$$= 1 + \left(c_1^2 - \frac{1}{2}\right)x^2 + 2c_1 c_2 x^3 + \left(2c_1 c_3 + c_2^2 + \frac{1}{24}\right)x^4 + \dots. \qquad (4.82)$$

Durch Koeffizientenvergleich folgt hieraus

$$c_1 = 1, \quad c_2 = 0, \quad c_3 = \frac{1}{3}\left(c_1^2 - \frac{1}{2}\right) = \frac{1}{6}, \quad c_4 = \frac{1}{2}\cdot c_1 c_2 = 0,$$
$$c_5 = \frac{1}{5}\left(2c_1 c_3 + c_2^2 + \frac{1}{24}\right) = \frac{3}{40}.$$

Die Ansatzreihe beginnt daher

$$y(x) = x + \frac{1}{6}\,x^3 + \frac{3}{40}\,x^5 + \dots \qquad (4.83)$$

Wenn unsere Aufgabe eine Lösung in der Form (4.76) besitzt, kann es nur (4.83) sein. Da wir keinen allgemeinen Ausdruck für c_ν haben, ist die Bestimmung des Konvergenzradius der Reihe (4.83) nicht durchführbar.

Beispiel 4.22: Wir fragen nach Lösungen der sogenannten Besselschen Differentialgleichung

$$x^2 y'' + xy' + (x^2 - n^2)\,y = 0. \qquad (4.84)$$

die sich in eine Potenzreihe um $x = 0$ entwickeln lassen; n sei dabei eine nicht-negative ganze Zahl.

In diesem Fall führt ein verallgemeinerter Potenzreihenansatz

$$y(x) = \sum_{\nu=0}^{\infty} c_\nu x^{n+\nu} \tag{4.85}$$

zum Ziel. Die Begründung hierfür wird in Band 7/2, 5.4.5., gegeben. Dann wird

$$xy'(x) = \sum_{\nu=0}^{\infty} (n + \nu)\, c_\nu x^{n+\nu}, \qquad x^2 y''(x) = \sum_{\nu=0}^{\infty} (n + \nu)(n + \nu - 1)\, c_\nu x^{n+\nu},$$

während

$$x^2 y(x) = \sum_{\nu=2}^{\infty} c_\nu x^{n+\nu+2} = \sum_{\nu=0}^{\infty} c_{\nu-2} x^{n+\nu}$$

ist. Setzt man die Ansatzgleichung (4.85) und die daraus folgenden Gleichungen in die Differentialgleichung (4.84) ein und vergleicht die Koeffizienten von $x^{n+\nu}$, so erhält man für $\nu = 0$ und $\nu = 1$

$$(n(n - 1) + n - n^2)\, c_0 = 0 \qquad \text{oder} \quad 0 \cdot c_0 = 0,$$

$$((n + 1)\,n + n + 1 - n^2)\, c_1 = 0 \quad \text{oder} \quad (2n + 1)\, c_1 = 0.$$

Daraus folgt, daß $c_1 = 0$ gelten muß, während c_0 beliebig gewählt werden kann. Für $\nu \geq 2$ ergibt sich

$$c_\nu((n + \nu)^2 - n^2) + c_{\nu-2} = 0 \quad \text{oder wegen} \quad (n + \nu)^2 - n^2 = \nu(2n + \nu):$$

$$c_\nu = -\frac{c_{\nu-2}}{\nu(2n + \nu)}. \tag{4.86}$$

Wegen $c_1 = 0$ folgt daraus $c_{2\mu+1} = 0$ für $\mu = 0, 1, 2, \dots$. Wählt man ferner $c_0 = 1$, folgt weiter

$$c_{2\mu} = -\frac{c_{2\mu-2}}{2^2\mu(n + \mu)} = \frac{(-1)^\mu}{2^{2\mu}\mu!\,(n + \mu)(n + \mu - 1) \dots (n + 1)},$$

so daß sich aus (4.86)

$$y(x) = x^n \sum_{\mu=0}^{\infty} \frac{(-1)^\mu}{\mu!\,(n + \mu)(n + \mu - 1) \dots (n + 1)} \left(\frac{x}{2}\right)^{2\mu} \tag{4.87}$$

ergibt. Diese Reihe konvergiert wegen

$$\lim_{\mu \to \infty} \left| \frac{c_{2\mu} x^{n+2\mu}}{c_{2\mu-2} x^{n+2\mu-2}} \right| = \frac{1}{4} \lim_{\mu \to \infty} \frac{|x|^2}{\mu(n + \mu)} = 0$$

für alle x und stellt tatsächlich eine Lösung von (4.84) dar. Durch Multiplikation der rechten Seite von (4.87) mit einer beliebigen Konstanten C ergibt sich offenbar wiederum eine Lösung, wie man aus (4.84) unmittelbar erkennen kann (für $C = 0$ allerdings die triviale Lösung $y(x) = 0$). Die sich speziell für $C = \dfrac{1}{2^n \cdot n!}$ ergebende Lösung wird mit $J_n(x)$ bezeichnet; infolge der Gleichung $(n + \mu)(n + \mu - 1) \dots \dots (n + 1)\, n! = (n + \mu)!$ folgt somit aus (4.87)

$$J_n(x) = \left(\frac{x}{2}\right)^n \sum_{\mu=0}^{\infty} \frac{(-1)^\mu}{\mu!\,(n + \mu)!} \left(\frac{x}{2}\right)^{2\mu}. \tag{4.88}$$

Die Funktion $J_n(x)$ heißt Besselfunktion 1. Art mit dem Index n. Besselfunktionen spielen in vielen technischen Anwendungen eine Rolle; sie können auch für nicht-ganzzahligen Index definiert werden (vgl. Band 12).

Beispiel 4.23: Es soll eine Lösung der hypergeometrischen Differentialgleichung,

$$x(1 - x)\,y'' + (\gamma - (\alpha + \beta + 1)\,x)\,y' - \alpha\beta y = 0, \tag{4.89}$$

in der α, β, γ Konstanten sind ($\gamma \neq 0, -1, -2, \ldots$), bestimmt werden. Wir verwenden wieder den Ansatz (vgl. die ausführliche Darstellung in Band 7/2, 5.4.1.)

$$y(x) = \sum_{\nu=0}^{\infty} c_\nu x^\nu, \tag{4.90}$$

woraus

$$xy' = \sum_{\nu=0}^{\infty} \nu c_\nu x^\nu, \qquad y' = \sum_{\nu=0}^{\infty} (\nu + 1)\,c_{\nu+1} x^\nu,$$

$$x^2 y'' = \sum_{\nu=0}^{\infty} \nu(\nu - 1)\,c_\nu x^\nu, \qquad xy'' = \sum_{\nu=0}^{\infty} (\nu + 1)\,\nu c_{\nu+1} x^\nu$$

folgt. Nach Einsetzen dieser Beziehungen in (4.89) ergibt sich durch Koeffizientenvergleich für $\nu = 0, 1, 2, \ldots$

$$\nu(\nu + 1)\,c_{\nu+1} - \nu(\nu - 1)\,c_\nu + \gamma(\nu + 1)\,c_{\nu+1} - (\alpha + \beta + 1)\,\nu c_\nu - \alpha\beta c_\nu = 0$$

oder

$$(\nu + 1)\,(\gamma + \nu)\,c_{\nu+1} = [(\alpha + \beta + 1)\,\nu + \nu(\nu - 1) + \alpha\beta]\,c_\nu.$$

Da die rechte Seite gleich $(\alpha + \nu)\,(\beta + \nu)\,c_\nu$ ist, hat man

$$c_{\nu+1} = \frac{(\alpha + \nu)\,(\beta + \nu)}{(\nu + 1)\,(\gamma + \nu)}\,c_\nu. \tag{4.91}$$

Die Reihe (4.90) mit diesen Koeffizienten und $c_0 = 1$,

$$F(\alpha, \beta, \gamma; x) = 1 + \frac{\alpha \cdot \beta}{1 \cdot \gamma}\,x + \frac{\alpha(\alpha + 1)\,\beta(\beta + 1)}{1 \cdot 2 \cdot \gamma(\gamma + 1)}\,x^2$$

$$+ \frac{\alpha(\alpha + 1)\,(\alpha + 2)\,\beta(\beta + 1)\,(\beta + 2)}{1 \cdot 2 \cdot 3 \cdot \gamma(\gamma + 1)\,(\gamma + 2)}\,x^3 + \ldots, \tag{4.92}$$

heißt hypergeometrische Reihe. Sie konvergiert für $|x| < 1$ und divergiert für $|x| > 1$; denn wegen (4.91) ergibt sich ihr Konvergenzradius zu

$$r = \lim_{\nu \to \infty} \left| \frac{c_\nu}{c_{\nu+1}} \right| = \lim_{\nu \to \infty} \left| \frac{(\nu + 1)\,(\gamma + \nu)}{(\alpha + \nu)\,(\beta + \nu)} \right| = 1.$$

Für $|x| < 1$ ist $F(\alpha, \beta, \gamma; x)$ Lösung der hypergeometrischen Differentialgleichung (4.89).

Die hypergeometrische Reihe enthält viele bisher betrachtete Reihenentwicklungen als Spezialfälle. Beispielsweise ergibt sich für $\gamma = \beta$, wenn man noch α durch $-\alpha$ und x durch $-x$ ersetzt, die binomische Reihe, d. h. es ist $F(-\alpha, \beta, \beta; -x) = (1 + x)^\alpha$; insbesondere liefert also $F(1, \beta, \beta; x)$ die geometrische Reihe. Als weitere Sonderfälle von (4.92) seien genannt:

$$F(1, 1, 2; -x) = \frac{\ln(1 + x)}{x}, \qquad F\left(\frac{1}{2}, \frac{1}{2}, \frac{3}{2}; x^3\right) = \frac{\arcsin x}{x}.$$

4.6.   Asymptotische Potenzreihen

Mitunter können auch divergente Funktionenreihen zum Zwecke der Funktionswertberechnung nützlich sein, und zwar dann, wenn es sich um sogenannte asymptotische Reihen handelt. Wir beschränken uns auf die Betrachtung asymptotischer Potenzreihen in $\frac{1}{x}$ (vgl. (4.53)), die zur Berechnung von Funktionswerten für große x dienen können.

4.6.1.   Asymptotische Gleichheit zweier Funktionen. Landausche Ordnungssymbole

Wir definieren zunächst die asymptotische Gleichheit zweier Funktionen.

D. 4.4 **Definition 4.4:** *Zwei in einem Intervall (a, ∞) definierte Funktionen $f(x)$ und $g(x)$ heißen asymptotisch gleich für $x \to \infty$, wenn*

$$\lim_{x \to \infty} \frac{f(x)}{g(x)} = 1$$

gilt. Man schreibt hierfür

| $f(x) \sim g(x)$ $(x \to \infty)$. 　　　　　　　　　　　　　　　(4.93)

Der Zusatz $x \to \infty$ wird im folgenden (auch bei den Ordnungssymbolen) weggelassen, weil wir hier ausschließlich diesen Fall betrachten. Beispielsweise gelten

$$\sqrt{x^2 + 1} \sim x, \quad e^{\frac{1}{x}} \sim 1, \quad \sin\frac{1}{x} \sim \frac{1}{x}, \quad \frac{2x - 1}{5x^3 + x + 1} \sim \frac{2}{5x^2}.$$

Zu einer anderen Schreibweise für (4.93) kommt man mit Hilfe der in Band 2, 2.6., eingeführten Landauschen Ordnungssymbole, deren Definition wir hier speziell für die Bewegung $x \to \infty$ nochmals angeben.

D. 4.5 **Definition 4.5:** *Es seien $g(x)$ und $h(x)$ zwei in einem Intervall (a, ∞) definierte Funktionen. Dann heißt $h(x)$ ein Klein-o von $g(x)$ (für $x \to \infty$), bezeichnet durch*

| $h(x) = o(g(x))$, 　　　　　　　　　　　　　　　　　　(4.94)

wenn $\lim\limits_{x \to \infty} \dfrac{h(x)}{g(x)} = 0$ *gilt, und $h(x)$ ein Groß-O von $g(x)$ (für $x \to \infty$), bezeichnet durch*

$$h(x) = O(g(x)),$$ 　　　　　　　　　　　　　　　　　　(4.95)

wenn es ein $b > a$ gibt, so daß $\dfrac{h(x)}{g(x)}$ im Intervall (b, ∞) beschränkt ist.

Im Fall (4.94) sagt man auch, $h(x)$ habe eine kleinere Ordnung als $g(x)$. Speziell bedeutet $h(x) = o(1)$ bzw. $h(x) = O(1)$, daß $\lim\limits_{x \to \infty} h(x) = 0$ gilt bzw. $h(x)$ für alle hinreichend großen x beschränkt ist. Offenbar ist

$$f(x) = g(x) + o(g(x))$$ 　　　　　　　　　　　　　　　　(4.96)

eine zu (4.93) äquivalente Schreibweise, denn (4.96) besagt, daß die Differenz $h(x) = f(x) - g(x)$ die Eigenschaft $h(x) = o(g(x))$ hat, also $\lim\limits_{x \to \infty} \dfrac{f(x) - g(x)}{g(x)} = 0$ oder $\lim\limits_{x \to \infty} \dfrac{f(x)}{g(x)} = 1$ gilt, und umgekehrt folgt hieraus (4.96). Der Fehler, den man bei der Ersetzung von $f(x)$ durch $g(x)$ begeht, ist somit von der Größenordnung $o(g(x))$.

Die Definitionen 4.4 und 4.5 kann man analog für Zahlenfolgen formulieren (also für Funktionen, die nur für nicht-negative ganze x definiert sind). Ein wichtiges Beispiel einer solchen asymptotischen Gleichheit ist die Stirlingsche Formel

$$n! \sim \sqrt{2\pi n}\left(\frac{n}{e}\right)^n \quad (n \to \infty). \tag{4.97}$$

4.6.2. Begriff der asymptotischen Potenzreihe. Beispiele

Wenn $g(x)$ von der Form $\frac{c_k}{x^k}$, $c_k \neq 0$, mit einer nicht-negativen ganzen Zahl k ist (im Fall $k = 0$ ist also $g(x)$ eine Konstante), so besagt

$$f(x) \sim \frac{c_k}{x^k}$$

in der Schreibweise (4.96), daß

$$f(x) = \frac{c_k}{x^k} + o(x^{-k}) \tag{4.98}$$

gilt. Es kann nun möglich sein, daß man diese Aussage noch verbessern kann, indem man zu einer Darstellung der Form

$$f(x) = \sum_{\nu=k}^{n} \frac{c_\nu}{x^\nu} + o(x^{-n}) \tag{4.99}$$

gelangt, wobei $n > k$ ist. Der Fehler ist dann nämlich wegen $x^{-n} = o(x^{-k})$ für $n > k$ von kleinerer Ordnung als in (4.98). Aus der Exponentialreihe erhält man z. B., indem man x durch $\frac{1}{x}$ ersetzt, neben der schon oben genannten asymptotischen Gleichheit $e^{\frac{1}{x}} \sim 1$ die Beziehungen $e^{\frac{1}{x}} = 1 + \frac{1}{x} + o\left(\frac{1}{x}\right)$, $e^{\frac{1}{x}} = 1 + \frac{1}{x} + \frac{1}{2x^2} + o\left(\frac{1}{x^2}\right)$, allgemein

$$e^{\frac{1}{x}} = 1 + \frac{1}{1!\,x} + \frac{1}{2!\,x^2} + \dots + \frac{1}{n!\,x^n} + o(x^{-n}),$$

denn in der Reihe für $e^{\frac{1}{x}}$ strebt für $x \to \infty$ jedes Glied des n-ten Reihenrestes nach Division durch x^{-n} (d. h. Multiplikation mit x^n) gegen 0.

Wir kommen so zum Begriff der asymptotischen Potenzreihe.

Definition 4.6: *Eine Reihe $\sum\limits_{\nu=0}^{\infty} \frac{c_\nu}{x^\nu}$ heißt (für $x \to \infty$) eine asymptotische Potenzreihe der (in einem Intervall $x > a$ definierten) Funktion $f(x)$, wenn (4.99) mit $k = 0$ für jedes $n = 0, 1, 2, \dots$ gilt. Man schreibt dann* **D. 4.6**

$$f(x) \approx \sum_{\nu=0}^{\infty} \frac{c_\nu}{x^\nu}. \tag{4.100}$$

In anderer Darstellung besagt (4.99), $k = 0$:

$$\lim_{x \to \infty} x^n \left(f(x) - \sum_{\nu=0}^{n} \frac{c_\nu}{x^\nu} \right) = 0 \quad \text{für} \quad n = 0, 1, 2, \dots \tag{4.101}$$

Da (4.99) für jedes n gilt, folgt, daß diese Beziehung mit

$$f(x) = \sum_{\nu=0}^{n} \frac{c_\nu}{x^\nu} + O(x^{-n-1}) \tag{4.102}$$

äquivalent ist. Das obige Beispiel $e^{\frac{1}{x}} \approx \sum_{\nu=0}^{\infty} \frac{1}{\nu! x^\nu}$ mag dabei zur Illustration dienen.

Aus der Definition folgt, daß die asymptotische Potenzreihe einer Funktion, falls überhaupt eine existiert, eindeutig bestimmt ist. Aus (4.101) folgt nämlich für die Koeffizienten

$$c_0 = \lim_{x \to \infty} f(x), \qquad c_n = \lim_{x \to \infty} x^n \left(f(x) - \sum_{\nu=0}^{n-1} \frac{c_\nu}{x^\nu} \right), \quad n = 1, 2, 3, \ldots \tag{4.103}$$

Umgekehrt bestimmt eine asymptotische Potenzreihe nicht eindeutig eine Funktion. Für jede Funktion $f(x) = e^{-ax}$, $a > 0$, existieren nämlich die in (4.103) auftretenden Grenzwerte, und zwar ist $\lim_{x \to \infty} x^n e^{-ax} = 0$ für jedes nicht-negative ganze n. Daher besitzen alle diese Funktionen die asymptotische Entwicklung

$$e^{-ax} \approx 0 + \frac{0}{x} + \frac{0}{x^2} + \ldots.$$

Wenn also eine Funktion $f(x)$ eine asymptotische Potenzreihenentwicklung $\sum_{\nu=0}^{\infty} \frac{c_\nu}{x^\nu}$ besitzt, so haben die (unendlich vielen) Funktionen $f(x) + c\,e^{-ax}$, $a > 0$, c beliebig reell, alle dieselbe Entwicklung.

Schließlich wird in Verallgemeinerung zu (4.96) auch die Darstellung

$$f(x) \approx g(x) + h(x) \sum_{\nu=0}^{\infty} \frac{c_\nu}{x^\nu} \tag{4.104}$$

benutzt, wobei $g(x)$ und $h(x)$ zwei für $x > a$ definierte Funktionen mit $h(x) \neq 0$ sind. Sie ist durch

$$\frac{f(x) - g(x)}{h(x)} \approx \sum_{\nu=0}^{\infty} \frac{c_\nu}{x^\nu} \tag{4.105}$$

zu interpretieren. Auch die Definition 4.6 (einschließlich der Verallgemeinerung (4.104)) kann auf Zahlenfolgen übertragen werden.

Wesentlich ist, daß von einer asymptotischen Potenzreihe keine Konvergenz gefordert wird. Natürlich gibt es konvergente asymptotische Potenzreihen, wie das Beispiel $e^{\frac{1}{x}}$ zeigt. Allerdings existiert dann kein Konvergenzintervall mit $x = 0$ als Mittelpunkt, da wir es mit einer Potenzreihe in $\frac{1}{x}$ zu tun haben. Die Konvergenz findet vielmehr außerhalb eines Intervalls mit 0 als Mittelpunkt statt, das auch in den Punkt 0 entarten kann, also allgemein für alle $|x| > a$ mit einem $a \geqq 0$. Das Neuartige bei einer asymptotischen Reihe besteht aber gerade darin, daß sie auch im Divergenzfall brauchbar ist.

Beispiel 4.24: Die Funktion $f(x) = \int\limits_{0}^{\infty} \frac{e^{-xt}}{1 + t}\, dt$, $x > 0$, soll in eine asymptotische Potenzreihe entwickelt werden (das Integral konvergiert für $x > 0$). Wiederholte

Anwendung partieller Integration ergibt

$$f(x) = \left[-\frac{1}{x} \frac{e^{-xt}}{1+t} \right]_0^\infty - \frac{1}{x} \int_0^\infty \frac{e^{-xt}\,dt}{(1+t)^2}$$

$$= \frac{1}{x} - \frac{1}{x} \left[-\frac{1}{x} \frac{e^{-xt}}{(1+t)^2} \right]_0^\infty + \frac{2}{x^2} \int_0^\infty \frac{e^{-xt}\,dt}{(1+t)^3}$$

$$= \frac{1}{x} - \frac{1}{x^2} + \frac{2}{x^2} \int_0^\infty \frac{e^{-xt}}{(1+t)^3}\,dt \quad \text{usw.,}$$

schließlich

$$f(x) = \frac{1}{x} - \frac{1!}{x^2} + \frac{2!}{x^3} - \frac{3!}{x^4} + \ldots + (-1)^{n-1} \frac{(n-1)!}{x^n} + R_n(x)$$

mit

$$R_n(x) = (-1)^n \frac{n!}{x^n} \int_0^\infty \frac{e^{-xt}\,dt}{(1+t)^{n+1}}. \tag{4.106}$$

Wegen $|R_n(x)| \leq \dfrac{n!}{x^n} \displaystyle\int_0^\infty e^{-xt}\,dt = \dfrac{n!}{x^{n+1}}$ ist $R_n(x) = o(x^{-n})$ für $n = 0, 1, 2, \ldots$; also gilt

nach Definition 4.6

$$\int_0^\infty \frac{e^{-xt}}{1+t}\,dt \approx \sum_{v=0}^\infty (-1)^v \frac{v!}{x^{v+1}}. \tag{4.107}$$

Der Betrag des Quotienten aus dem $(n+1)$-ten und dem n-ten Glied ist $\dfrac{n+1}{x}$; er

strebt für jedes x mit $n \to \infty$ gegen ∞, und somit ist die Reihe in (4.107) für jedes x divergent. Trotzdem ist diese divergente Reihe zur Berechnung von Werten unserer Funktion für große x aus folgendem Grund gut geeignet. Wenn man die Reihe in (4.107) an einer Stelle abbricht, so hat nach (4.106) das Restglied dasselbe Vorzeichen wie das erste weggelassene Glied und ist dem Betrag nach kleiner als der Betrag dieses Gliedes. Es verhält sich also wie der Reihenrest einer alternierenden Reihe, die den Voraussetzungen des Leibnizschen Konvergenzkriteriums genügt; der Funktionswert $f(x)$ liegt folglich stets zwischen zwei aufeinanderfolgenden Teilsummen $s_n(x)$ und $s_{n-1}(x)$. Da die Reihenglieder für jedes $x > 0$ mit $n \to \infty$ gegen ∞ streben, läßt sich jedoch $|s_n(x) - s_{n-1}(x)|$ nicht – wie bei einer konvergenten Reihe – beliebig klein machen, indem man n hinreichend groß wählt. Aber man kann, wenn x vorgegeben ist, n so wählen, daß $|s_n(x) - s_{n-1}(x)|$ möglichst klein ausfällt, so daß $f(x)$ zwischen zwei möglichst dicht beieinander liegenden Schranken eingeschlossen wird. Das läßt sich für ein gewisses n offenbar um so besser erreichen, je größer x ist. So ist beispielsweise für $x = 8$

$$s_7(8) = \sum_{v=0}^7 (-1)^v \frac{v!}{8^{v+1}} = 0{,}11243,$$

$$s_8(8) = \sum_{v=0}^8 (-1)^v \frac{v!}{8^{v+1}} = 0{,}11213,$$

5*

also

$$0{,}11213 < \int_0^\infty \frac{e^{-8t}}{1+t}\,dt < 0{,}11243.$$

Für $x = 12$ erhält man unter Verwendung der gleichen Teilsummen

$$0{,}077322 < \int_0^\infty \frac{e^{-12t}}{1+t}\,dt < 0{,}077333.$$

Als weiteres Beispiel einer divergenten asymptotischen Potenzreihe sei die Stirlingsche Reihe genannt, die eine Verallgemeinerung der Stirlingschen Formel (4.97) ist:

$$\ln n! \approx \left(n + \frac{1}{2}\right)\ln n - n + \ln\sqrt{2\pi} + \sum_{k=1}^\infty \frac{B_{2k}}{(2k-1)\,2k}\,\frac{1}{n^{2k-1}} \quad (n \to \infty)$$

$$(4.108)$$

(die B_{2k} sind die Bernoullischen Zahlen). Zur Interpretation von (4.108) sind (4.104) und (4.105) zu beachten.

Aufgaben:

* *Aufgabe 4.1:* Bestimmen Sie für folgende Potenzreihen den Konvergenzradius!

$$\text{a) } \sum_{\nu=1}^\infty \nu x^\nu, \qquad \text{b) } \sum_{\nu=1}^\infty \frac{\nu^3}{\nu!}x^\nu, \qquad \text{c) } \sum_{\nu=1}^\infty \left(1 + \frac{1}{\nu}\right)^{\nu^2} x^\nu,$$

$$\text{d) } \sum_{\nu=1}^\infty \frac{1}{\nu^\nu}x^\nu, \qquad \text{e) } \sum_{\nu=1}^\infty \nu^\nu x^\nu, \qquad \text{f) } \sum_{\nu=1}^\infty \frac{(5 + (-1)^\nu)^\nu}{\nu}x^\nu.$$

* *Aufgabe 4.2:* Bestimmen Sie für folgende Potenzreihen das Konvergenzintervall und das Konvergenzverhalten auf seinen Randpunkten!

$$\text{a) } \sum_{\nu=0}^\infty \frac{(\nu!)^2}{(2\nu)!}x^\nu, \qquad \text{b) } \sum_{\nu=1}^\infty \frac{2 \cdot 4 \ldots 2\nu}{1 \cdot 3 \ldots (2\nu - 1)(2\nu + 1)}x^\nu,$$

$$\text{c) } \sum_{\nu=0}^\infty \frac{1}{10^{\sqrt{\nu}}}x^\nu, \qquad \text{d) } \sum_{\nu=1}^\infty \left(1 + \frac{1}{2} + \ldots + \frac{1}{\nu}\right)x^\nu.$$

* *Aufgabe 4.3:* Geben Sie unter Verwendung der in 4.3.2. angegebenen Taylorreihen die Potenzreihenentwicklungen mit dem Mittelpunkt 0 für die folgenden Funktionen sowie das Konvergenzintervall an!

$$\text{a) } f(x) = e^{x^2}, \qquad \text{b) } f(x) = x^2 e^{-x}, \qquad \text{c) } f(x) = \cos 3x,$$

$$\text{d) } f(x) = (a + x)^\alpha, \quad a > 0, \qquad \text{e) } f(x) = \frac{1}{\sqrt[3]{1 + x^3}},$$

$$\text{f) } f(x) = \frac{1 - x^2}{1 + x^2}, \qquad \text{g) } f(x) = \frac{\arctan 2x}{x}, \qquad \text{h) } f(x) = \frac{1}{1 + x + x^2}.$$

* *Aufgabe 4.4:* Entwickeln Sie folgende Funktionen nach Potenzen von $(x - x_0)$ und geben Sie das Konvergenzintervall der sich ergebenden Reihen an!

$$\text{a) } f(x) = \frac{1}{x}, \quad x_0 = 1; \qquad \text{b) } f(x) = \sqrt{x} \quad x_0 = 2;$$

$$\text{c) } f(x) = e^x, \quad x_0 = -3; \qquad \text{d) } f(x) = \ln x, \quad x_0 = 1.$$

Aufgabe 4.5: Ermitteln Sie die Summenfunktionen der folgenden Potenzreihen, indem ∗
Sie zunächst gliedweise differenzieren und die Summe der dadurch entstehenden
Reihe bestimmen!

$$\text{a) } x + \frac{x^3}{3} + \frac{x^5}{5} + \dots, \quad |x| < 1,$$

$$\text{b) } \frac{2}{3!}\, x^3 - \frac{4}{5!}\, x^5 + \frac{6}{7!}\, x^7 - \dots\,.$$

Aufgabe 4.6: Bestimmen Sie die Potenzreihenentwicklung mit dem Mittelpunkt $x = 0$ ∗
der Funktion $f(x) = \arctan \dfrac{2x}{2 - x^2}$, indem Sie $f'(x)$ bilden, in eine Potenzreihe um
$x = 0$ entwickeln und dann integrieren!

Aufgabe 4.7: Bestimmen Sie die Potenzreihenentwicklung mit dem Mittelpunkt $x = 0$ ∗
für die Funktion $f(x) = (\arctan x)^2$ auf einem der folgenden Wege:

a) durch Multiplikation der Arkustangensreihe mit sich selbst;
b) über die Entwicklung von $f'(x)$ und anschließende Integration!

Aufgabe 4.8: Berechnen Sie unter Verwendung von Potenzreihenentwicklungen fol- ∗
gende bestimmte Integrale auf drei Dezimalen genau!

$$\text{a) } \int\limits_0^1 \frac{\ln(1 - x)}{x}\, dx, \qquad \text{b) } \int\limits_0^1 e^{-x^2}\, dx.$$

$$\text{c) } \int\limits_{10}^{100} e^{\frac{1}{x}}\, dx, \qquad \text{d) } \int\limits_0^{1/4} \frac{\arctan x}{x}\, dx.$$

Hinweis: In Aufgabe a) kann die exakte Lösung mit Hilfe von (4.65) angegeben
werden.

Aufgabe 4.9: Berechnen Sie auf zwei Dezimalen genau die Länge des Bogens der ∗
Sinuskurve $y = \sin x$ im Intervall $[0, \pi]$!

Aufgabe 4.10: Entwickeln Sie die Funktion $f(x) = \int\limits_0^x \dfrac{dt}{\sqrt{1 - t^4}}$ in eine Potenzreihe ∗
mit dem Mittelpunkt $x = 0$!

Aufgabe 4.11: Entwickeln Sie die Funktion $f(x) = \dfrac{x}{\ln(1 - x)}$ in eine Potenzreihe ∗
mit dem Mittelpunkt 0 (geben Sie die ersten drei Glieder an)!

Aufgabe 4.12: Für die Funktion $f(x) = \dfrac{1}{\cos x}$ ist die Potenzreihenentwicklung um ∗
$x = 0$ zu ermitteln. Setzen Sie dazu an:

$$\frac{1}{\cos x} = \sum_{\nu=0}^{\infty} \frac{E_{2\nu}}{(2\nu)!}\, x^{2\nu},$$

ermitteln Sie eine Rekursionsformel für die „Eulerschen Zahlen" $E_{2\nu}$ und bestimmen
Sie E_0, E_2, E_4, E_6!

Aufgabe 4.13: Geben Sie die ersten fünf Glieder der Potenzreihenentwicklung um ∗
$x = 0$ für die Funktion $f(x) = \ln(1 + \tfrac{1}{2} \arctan x)$ an, indem Sie in die logarithmische

Reihe die Reihe für $\frac{1}{2}$ arctan x einsetzen! Überlegen Sie sich, wie man unter Benutzung der Ergebnisse in 4.5.4. schneller zum Ziel kommt!

* *Aufgabe 4.14:* Berechnen Sie die folgenden Grenzwerte, indem Sie die ersten Glieder bekannter Potenzreihenentwicklungen heranziehen!

$$\text{a) } \lim_{x \to 0} \frac{\sin x \ln (1 + x)}{1 - \sqrt{1 + x^2}}, \qquad \text{b) } \lim_{x \to 1} \left(\frac{1}{x - 1} - \frac{1}{\ln x} \right),$$

$$\text{c) } \lim_{x \to \infty} (x - \sqrt{x^2 - 6x}), \qquad \text{d) } \lim_{x \to 0} \left(\frac{1}{x} - \frac{1}{\sin x} \right).$$

5. Fourierreihen

5.1. Problemstellung

Wenn ein Massenpunkt der Masse m, der längs einer Geraden (x-Achse) beweglich ist und sich in einer stabilen Gleichgewichtslage ($x = 0$) befindet, um ein kleines Stück aus dieser Lage verschoben wird, so wirkt auf ihn eine rücktreibende Kraft. Häufig kann angenommen werden, daß sie proportional zur jeweiligen Entfernung x von der Gleichgewichtslage und zu dieser hin gerichtet ist. Nach dem Newtonschen Reaktionsprinzip besteht daher bei Vernachlässigung der Reibungskräfte die Gleichung

$$m\,\frac{\mathrm{d}^2 x}{\mathrm{d}t^2} = -kx,$$

wobei $x = x(t)$ die Auslenkung des Massenpunktes zum Zeitpunkt t und $k > 0$ ein Proportionalitätsfaktor ist (die sogenannte Direktionskraft). Mit $\omega = \sqrt{\dfrac{k}{m}}$ erhält diese Differentialgleichung für $x(t)$ die Form

$$x''(t) + \omega^2 x(t) = 0. \tag{5.1}$$

Unter allen Lösungen von (5.1) gibt eine den zeitlichen Ablauf der Bewegung des Massenpunktes an, der entsteht, wenn er zu einem bestimmten Zeitpunkt – wir wählen $t = 0$ – aus der Gleichgewichtslage gebracht und dann sich selbst überlassen wird. Die allgemeine Lösung von (5.1) ist

$$x(t) = A \sin(\omega t + \varphi). \tag{5.2}$$

Aus der Lage und Geschwindigkeit des Massenpunktes zur Zeit $t = 0$ lassen sich die Konstanten A und φ für die uns interessierende Lösung bestimmen. Nach (5.2) ist die Bewegung des Massenpunktes eine sinusförmige Schwingung um die Gleichgewichtslage.

Ganz entsprechend ergibt sich als Differentialgleichung für den zeitlichen Spannungsverlauf $u(t)$ in einem elektrischen Schwingungskreis mit der Induktivität L und der Kapazität C bei Vernachlässigung des Ohmschen Widerstandes

$$u''(t) + \omega^2 u(t) = 0, \tag{5.3}$$

wobei $\omega = \dfrac{1}{\sqrt{LC}}$ ist, und als ihre allgemeine Lösung

$$u(t) = A \sin(\omega t + \varphi). \tag{5.4}$$

A und φ sind wieder durch den „Anfangszustand" des Schwingungskreises festgelegt.

Man nennt nun einen durch eine Gleichung der Form

$$y = A \sin(\omega t + \varphi) \tag{5.5}$$

beschriebenen zeitlich abhängigen Vorgang $y = y(t)$ eine harmonische Schwingung (oder eine reine Sinusschwingung). Wegen der Periodizität der Sinusfunktion ist eine solche Schwingung immer periodisch; die kleinste Periodenlänge (oder Schwingungsdauer) ist $T = \dfrac{2\pi}{\omega}$; $\dfrac{1}{T}$ heißt Frequenz, ω Kreisfrequenz, A Amplitude, φ Phasenwinkel der harmonischen Schwingung.

Eine reine Sinusschwingung mit der Kreisfrequenz $n\omega$, $n = 2, 3, 4, \ldots$, also der Schwingungsdauer $\dfrac{T}{n}$, nennt man die n-te Harmonische (oder Oberschwingung) zur „Grundschwingung" mit der Kreisfrequenz ω. Jede dieser Harmonischen

$$y_n = A_n \sin(n\omega t + \varphi_n) \tag{5.6}$$

hat aber auch T – als ganzzahliges Vielfaches von $\dfrac{T}{n}$ – als Periodenlänge. Daher beschreibt auch eine Summe aus einer rein sinusförmigen Grundschwingung der Kreisfrequenz ω und endlich vielen ihrer Harmonischen einen mit T periodischen Vorgang; physikalisch gesprochen ist er das Resultat der Überlagerung der genannten Schwingungen. Er ist natürlich im Vergleich zur harmonischen Schwingung komplizierter.

Beispiel 5.1: Wir betrachten als Grundschwingung $y_1 = \sin t$ und dazu die Harmonischen $y_2(t) = \frac{1}{2}\sin 2t$, $y_3(t) = \frac{1}{4}\sin 3t$. Die Summe aus ihnen,

$$y(t) = \sin t + \tfrac{1}{2}\sin 2t + \tfrac{1}{4}\sin 3t,$$

ist in Bild 5.1 dargestellt; der Verlauf ergibt sich, indem zu jedem Zeitpunkt t die Funktionswerte $y_1(t)$, $y_2(t)$ und $y_3(t)$ (graphisch) addiert werden.

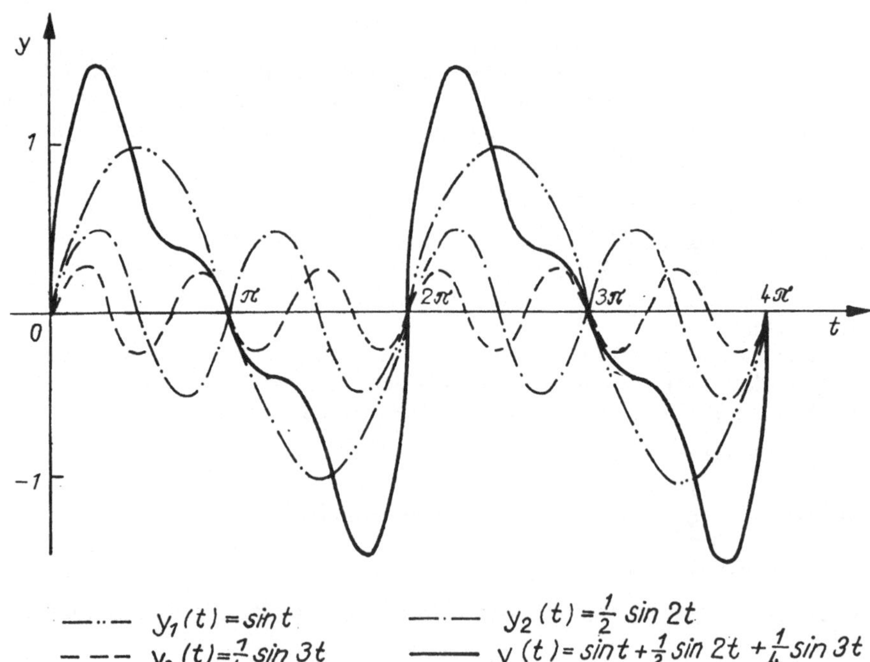

Bild 5.1

Für unsere weiteren Betrachtungen wollen wir uns zunächst auf den Fall der Periodenlänge 2π, also $\omega = 1$, beschränken; später lassen sich die Ergebnisse leicht auf den allgemeinen Fall übertragen. Außerdem wollen wir x statt t schreiben. Wir werfen nun die Frage auf, ob man etwa jeden mit 2π periodischen Vorgang als Überlagerung aus einer rein sinusförmigen Grundschwingung der Schwingungsdauer 2π und gewissen Oberschwingungen darstellen, ihn also in eine Summe derartiger Schwingungen zerlegen kann. Es wird sich zeigen, daß unter gewissen Voraussetzungen eine Darstellung durch eine Reihe, deren Glieder Harmonische sind, möglich ist (man benötigt also im allgemeinen unendlich viele Harmonische zur Darstellung). Die Bestimmung dieser Schwingungen nennt man harmonische Analyse.

Die einzelnen Schwingungen

$$y_n(x) = A_n \sin(nx + \varphi_n) \tag{5.7}$$

kann man, wenn man $\alpha_n = A_n \sin\varphi_n$, $\beta_n = A_n \cos\varphi_n$ setzt, wegen des Additionstheorems der Sinusfunktion in der Form

$$y_n(x) = \alpha_n \cos nx + \beta_n \sin nx \tag{5.8}$$

schreiben. Umgekehrt beschreibt jede derartige (nicht verschwindende) Funktion eine harmonische Schwingung (5.7); A_n und φ_n lassen sich aus

$$A_n = \sqrt{\alpha_n^2 + \beta_n^2}, \quad \cos\varphi_n = \frac{\beta_n}{\sqrt{\alpha_n^2 + \beta_n^2}}, \quad \sin\varphi_n = \frac{\alpha_n}{\sqrt{\alpha_n^2 + \beta_n^2}}$$

bestimmen. Wenn man noch berücksichtigt, daß trivialerweise jede konstante Funktion periodisch ist (mit jeder von 0 verschiedenen Zahl als Periodenlänge), so ergibt sich, daß jede Summe der Form

$$\frac{\alpha_0}{2} + \sum_{\nu=1}^{n} (\alpha_\nu \cos \nu x + \beta_\nu \sin \nu x), \tag{5.9}$$

n fest, a_ν, β_ν beliebig reell, eine Schwingung mit der Periode 2π beschreibt. Dasselbe trifft auch für die unendliche Reihe

$$\frac{\alpha_0}{2} + \sum_{\nu=1}^{\infty} (\alpha_\nu \cos \nu x + \beta_\nu \sin \nu x), \tag{5.10}$$

a_ν, β_ν beliebig reell, zu, sofern sie konvergiert, weil es für jede ihrer Teilsummen gilt. Eine Summe der Form (5.9) nennt man eine trigonometrische Summe (auch trigonometrisches Polynom), eine Reihe (5.10) eine trigonometrische Reihe. Die obige Fragestellung nach der Durchführbarkeit der harmonischen Analyse, d. h. der Darstellbarkeit eines periodischen Vorgangs als Überlagerung aus einer Grundschwingung und gewissen Oberschwingungen, kann nunmehr mathematisch dahingehend formuliert werden, ob sich jede mit 2π periodische Funktion $f(x)$ in eine trigonometrische Reihe entwickeln läßt.

Die Entwicklung einer Funktion $f(x)$ in eine trigonometrische Reihe ist aber nicht nur von Bedeutung, wenn $f(x)$ von vornherein periodisch ist. Wenn wir $f(x)$ in einem offenen (oder halboffenen) Intervall der Länge 2π betrachten, in dem sie definiert ist, etwa im Intervall $(-\pi, \pi)$, so kann man eine mit 2π periodische Funktion $g(x)$ durch die Forderung

$$g(x + 2k\pi) = f(x), \quad x \in (-\pi, \pi), \quad k = 0, \pm1, \pm2, \ldots, \tag{5.11}$$

erhalten.

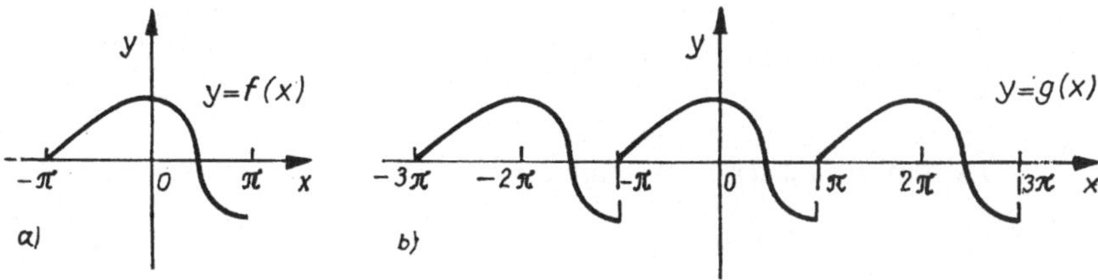

Bild 5.2

Die Funktion $g(x)$ ist damit für alle $x \neq \pi + 2k\pi$ definiert und stimmt im Intervall $(-\pi, \pi)$ mit $f(x)$ überein (siehe Bild 5.2); man nennt $g(x)$ die periodische Fortsetzung von $f(x)$. Wenn $g(x)$ durch eine trigonometrische Reihe dargestellt werden kann, so ist diese Reihe im Intervall $(-\pi, \pi)$ insbesondere eine Darstellung für $f(x)$.

5.2.   Die Fourierkoeffizienten

5.2.1.   Herleitung der Fourierkoeffizienten

Wir verfolgen nun die in 5.1. aufgeworfene Fragestellung. Dabei gehen wir zunächst davon aus, daß wir für eine Funktion $f(x)$ im Intervall $[-\pi, \pi]$ schon eine Darstellung durch eine trigonometrische Reihe haben, und fragen nach dem Zusammenhang zwischen $f(x)$ und den Koeffizienten der Reihe. Es möge also gelten:

$$f(x) = \frac{a_0}{2} + \sum_{\nu=1}^{\infty} (a_\nu \cos \nu x + b_\nu \sin \nu x), \quad -\pi \leq x \leq \pi, \tag{5.12}$$

und wir nehmen darüber hinaus an, daß die Reihe auf der rechten Seite von (5.12) in $[-\pi, \pi]$ gleichmäßig konvergiert (das ist etwa der Fall, wenn die Reihen $\sum_{\nu=1}^{\infty} a_\nu$ und $\sum_{\nu=1}^{\infty} b_\nu$ absolut konvergieren; vgl. Beispiel 3.4). Als Summe einer gleichmäßig konvergenten Reihe mit stetigen Gliedern ist $f(x)$ selbst in $[-\pi, \pi]$ stetig, und die Reihe darf nach Satz 3.4 über $[-\pi, \pi]$ gliedweise integriert werden. Dabei ergibt sich

$$\int_{-\pi}^{\pi} f(x)\,\mathrm{d}x = \frac{a_0}{2} \int_{-\pi}^{\pi} \mathrm{d}x + \sum_{\nu=1}^{\infty} a_\nu \int_{-\pi}^{\pi} \cos \nu x\,\mathrm{d}x + \sum_{\nu=1}^{\infty} b_\nu \int_{-\pi}^{\pi} \sin \nu x\,\mathrm{d}x,$$

und wegen

$$\int_{-\pi}^{\pi} \mathrm{d}x = 2\pi \quad \text{und} \quad \int_{-\pi}^{\pi} \cos \nu x\,\mathrm{d}x = \int_{-\pi}^{\pi} \sin \nu x\,\mathrm{d}x = 0 \quad \text{für } \nu = 1, 2, 3, \ldots$$

folgt daraus

$$a_0 = \frac{1}{\pi} \int_{-\pi}^{\pi} f(x)\,\mathrm{d}x. \tag{5.13}$$

Somit haben wir einen Zusammenhang zwischen $f(x)$ und dem Koeffizienten a_0 erhalten. Zur Herleitung entsprechender Formeln für die anderen a_ν und b_ν benötigen wir die folgenden Beziehungen:

$$\int_{-\pi}^{\pi} \cos \nu x \cos \mu x\,\mathrm{d}x = 0 \quad \text{für } \mu \neq \nu,$$

$$\int_{-\pi}^{\pi} \sin \nu x \sin \mu x\,\mathrm{d}x = 0 \quad \text{für } \mu \neq \nu, \tag{5.14}$$

$$\int_{-\pi}^{\pi} \cos \nu x \sin \mu x\,\mathrm{d}x = 0, \quad \mu, \nu = 0, 1, 2, \ldots,$$

sowie

$$\int\limits_{-\pi}^{\pi} \cos^2 \nu x \, \mathrm{d}x = \pi, \qquad \int\limits_{-\pi}^{\pi} \sin^2 \nu x \, \mathrm{d}x = \pi, \qquad \nu = 1, 2, 3, \ldots. \tag{5.15}$$

Sie ergeben sich in einfacher Weise unter Benutzung der Formeln

$$\cos \nu x \cos \mu x = \frac{1}{2} \left(\cos (\nu + \mu) x + \cos (\nu - \mu) x \right),$$

$$\sin \nu x \sin \mu x = \frac{1}{2} \left(\cos (\nu - \mu) x - \cos (\nu + \mu) x \right), \tag{5.16}$$

$$\cos \nu x \sin \mu x = \frac{1}{2} \left(\sin (\nu + \mu) x - \sin (\nu - \mu) x \right),$$

die aus den Additionstheoremen für die Sinus- und Kosinusfunktion folgen.

Die drei Beziehungen (5.14) drücken folgende Eigenschaft des Systems der Funktionen

$$1, \quad \cos x, \quad \sin x, \quad \cos 2x, \quad \sin 2x, \ldots \tag{5.17}$$

aus: Das bestimmte Integral zwischen den Grenzen $-\pi$ und $+\pi$ über das Produkt zweier verschiedener Funktionen des Systems ist stets 0. Aus einem Grund, der erst aus einem allgemeineren Zusammenhang heraus erkennbar wird (vgl. 5.10.), nennt man die Beziehungen (5.14) die Orthogonalitätsrelationen für die Funktionen des Systems (5.17), und dieses System selbst ein orthogonales Funktionensystem über $[-\pi, \pi]$.

Um nun einen der Koeffizienten a_μ, $\mu = 1, 2, 3, \ldots$, zu erhalten, multiplizieren wir (5.12) mit $\cos \mu x$ und integrieren die entstehende Gleichung über $[-\pi, \pi]$. Da gliedweise Integration wie oben gestattet ist, ergibt sich

$$\int\limits_{-\pi}^{\pi} f(x) \cos \mu x \, \mathrm{d}x = \frac{a_0}{2} \int\limits_{-\pi}^{\pi} \cos \mu x \, \mathrm{d}x \tag{5.18}$$

$$+ \sum_{\nu=1}^{\infty} \left(a_\nu \int\limits_{-\pi}^{\pi} \cos \nu x \cos \mu x \, \mathrm{d}x + b_\nu \int\limits_{-\pi}^{\pi} \sin \nu x \cos \mu x \, \mathrm{d}x \right).$$

Nach (5.14) sind alle auf der rechten Seite von (5.18) auftretenden Integrale gleich 0 mit Ausnahme des für $\nu = \mu$ entstehenden Integrals $\int\limits_{-\pi}^{\pi} \cos^2 \mu x \, \mathrm{d}x$, das nach (5.15) gleich π ist. (5.18) besagt also

$$\int\limits_{-\pi}^{\pi} f(x) \cos \mu x \, \mathrm{d}x = \pi a_\mu.$$

Auf entsprechende Weise erhält man, wenn man (5.12) mit $\sin \mu x$ statt mit $\cos \mu x$ multipliziert,

$$\int\limits_{-\pi}^{\pi} f(x) \sin \mu x \, \mathrm{d}x = \pi b_\mu.$$

Damit hat man

$$a_\nu = \frac{1}{\pi} \int\limits_{-\pi}^{\pi} f(x) \cos \nu x \, dx, \quad \nu = 0, 1, 2, 3, \ldots,$$

$$b_\nu = \frac{1}{\pi} \int\limits_{-\pi}^{\pi} f(x) \sin \nu x \, dx, \quad \nu = 1, 2, 3, \ldots. \tag{5.19}$$

Die erste Beziehung ist auch für $\nu = 0$ richtig, weil sie dann in (5.13) übergeht (um das zu erreichen, wurde in (5.12) die Konstante mit $\frac{a_0}{2}$ und nicht mit a_0 bezeichnet). Wir fassen zusammen:

S. 5.1 Satz 5.1: *Wenn eine trigonometrische Reihe*

$$\frac{a_0}{2} + \sum_{\nu=1}^{\infty} (a_\nu \cos \nu x + b_\nu \sin \nu x) \tag{5.20}$$

im Intervall $[-\pi, \pi]$ gleichmäßig konvergiert und $f(x)$ als Summenfunktion hat, so gelten die Beziehungen (5.19).

Bemerkung: Auf Grund der Periodizität der Glieder der trigonometrischen Reihe (5.20) ist auch die Summenfunktion $f(x)$ eine mit 2π periodische Funktion. Daher kann das Integrationsintervall in (5.19) durch irgendein beliebiges Intervall der Länge 2π ersetzt werden. Für eine mit 2π periodische, integrierbare Funktion $\varphi(x)$ gilt nämlich

$$\int\limits_{a}^{a+2\pi} \varphi(x) \, dx = \int\limits_{-\pi}^{\pi} \varphi(x) \, dx - \int\limits_{-\pi}^{a} \varphi(x) \, dx + \int\limits_{\pi}^{a+2\pi} \varphi(x) \, dx = \int\limits_{-\pi}^{\pi} \varphi(x) \, dx,$$

weil

$$\int\limits_{\pi}^{a+2\pi} \varphi(x) \, dx = \int\limits_{-\pi}^{a} \varphi(t + 2\pi) \, dt = \int\limits_{-\pi}^{a} \varphi(x) \, dx$$

ist.

5.2.2. Die Fourierreihe einer Funktion

An das Vorhergehende anknüpfend, geben wir zunächst die

D. 5.1 Definition 5.1: *Es sei $f(x)$ eine über $[-\pi, \pi]$ (im Riemannschen Sinne) integrierbare Funktion. Dann heißen die durch (5.19) gegebenen Zahlen a_ν, b_ν die Fourierkoeffizienten von $f(x)$, und die mit diesen gebildete Reihe (5.20) heißt die Fourierreihe der Funktion $f(x)$.*

Man könnte nun vermuten, daß die Fourierreihe einer über $[-\pi, \pi]$ integrierbaren Funktion $f(x)$ „im allgemeinen" die gesuchte Entwicklung von $f(x)$ in eine trigonometrische Reihe für dieses Intervall ist. So einfach liegen die Dinge aber nicht. Man beachte nur etwa den Umstand, daß zwei über $[-\pi, \pi]$ integrierbare Funktionen, die sich nur an endlich vielen Stellen dieses Intervalls voneinander unterscheiden, die gleiche Fourierreihe besitzen (denn die Werte der Integrale, durch die a_ν und b_ν definiert sind, ändern sich nicht, wenn man $f(x)$ an endlich vielen Stellen abändert).

Wir müssen davon ausgehen, daß die Fourierreihe einer Funktion $f(x)$ lediglich eine mit Hilfe von $f(x)$ formal gebildete Reihe ist, für die noch nicht einmal die Konvergenz feststeht. Es sind Beispiele stetiger Funktionen bekannt, deren Fourierreihe an keiner Stelle konvergiert! Wenn aber die Fourrierreihe einer Funktion $f(x)$ für ein $x = x_0$ konvergiert, so braucht die Summe der Reihe an dieser Stelle nicht mit $f(x_0)$ übereinzustimmen (das folgt schon aus obiger Bemerkung). Es ergeben sich also stets zwei Fragen, wenn man die Fourierreihe einer Funktion $f(x)$ aufgestellt hat, nämlich die, für welche x die Reihe überhaupt konvergiert, und wenn das für gewisse x zutrifft, ob die Reihe dort die Funktion $f(x)$ darstellt. Nach Satz 5.1 wissen wir bereits soviel, daß eine in $[-\pi, \pi]$ gleichmäßig konvergente trigonometrische Reihe die Fourierreihe ihrer Summenfunktion ist und diese darstellt. In Unterabschnitt 5.3. werden wir hinreichende Bedingungen für die Konvergenz einer Fourierreihe kennenlernen und eine Aussage über die Reihensumme formulieren.

Es genügt offenbar, die Konvergenz einer Fourierreihe (5.20) und gegebenenfalls ihre Summe im Intervall $I = (-\pi, \pi]$ oder in einem anderen (halboffenen) Intervall I der Länge 2π zu untersuchen. Wenn nämlich die Fourierreihe für ein $x_0 \in I$ konver, giert, so konvergiert sie wegen der Periodizität ihrer Glieder an allen Stellen $x_0 + 2k\pi$- $k = \pm 1, \pm 2, \dots$, und hat dort dieselbe Summe. Sofern also die Fourierreihe einer Funktion $f(x)$ diese Funktion in I darstellt, stellt sie zugleich für alle x die periodische Fortsetzung von $f(x)$ dar (wenn $f(x)$ von vornherein mit 2π periodisch ist, dann ist die Reihe eine für alle x gültige Darstellung von $f(x)$). Es ist daher zweckmäßig, eine Funktion $f(x)$, die in einem Intervall I der Länge 2π in eine Fourierreihe entwickelt werden soll, außerhalb von I durch periodische Fortsetzung definiert zu denken, d. h. durch

$$f(x + 2k\pi) = f(x), \quad x \in I, \quad k = \pm 1, \pm 2, \pm 3, \dots$$

Wenn die Berechnung der Integrale in (5.19) schwierig ist oder $f(x)$ nur tabellarisch vorliegt, kann man zur Bestimmung von Fourierkoeffizienten Näherungsverfahren verwenden (vgl. dazu Abschnitt 5.7.).

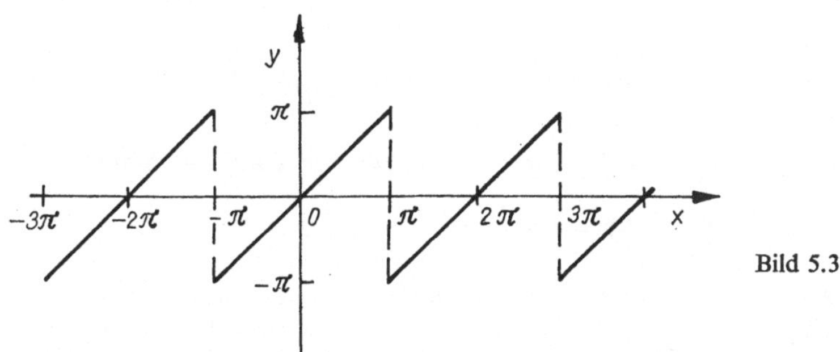

Bild 5.3

Beispiel 5.2: Für die Funktion $f(x) = x$, $-\pi < x < \pi$, soll die Fourierreihe berechnet werden. Durch periodische Fortsetzung kann man die Definition von $f(x)$ auf alle $x \neq \pi + 2k\pi$, $k = \pm 1, \pm 2, \pm 3, \dots$ ausdehnen. Man erhält dann $f(x) = x - 2k\pi$ für $(2k - 1)\pi < x < (2k + 1)\pi$, k ganz (Darstellung siehe Bild 5.3). Zur Berechnung die Fourierkoeffizienten von $f(x)$ ist diese Betrachtung allerdings nicht erforderlich. Sie ergeben sich nach (5.19) mittels partieller Integration zu

$$a_0 = \frac{1}{\pi} \int_{-\pi}^{\pi} x \, dx = \frac{1}{2\pi} [x^2]_{-\pi}^{\pi} = 0,$$

$$a_\nu = \frac{1}{\pi} \int\limits_{-\pi}^{\pi} x \cos \nu x \, dx = \frac{1}{\pi} \left\{ \left[\frac{1}{\nu} x \sin \nu x \right]_{-\pi}^{\pi} - \frac{1}{\nu} \int\limits_{-\pi}^{\pi} \sin \nu x \, dx \right\}$$

$$= \frac{1}{\pi} \left\{ 0 + \frac{1}{\nu^2} [\cos \nu x]_{-\pi}^{\pi} \right\} = 0 \quad (\nu = 1, 2, 3, \dots),$$

$$b_\nu = \frac{1}{\pi} \int\limits_{-\pi}^{\pi} x \sin \nu x \, dx = \frac{1}{\pi} \left\{ \left[-\frac{1}{\nu} x \cos \nu x \right]_{-\pi}^{\pi} + \frac{1}{\nu} \int\limits_{-\pi}^{\pi} \cos \nu x \, dx \right\}$$

$$= \frac{1}{\pi} \left\{ -2 \frac{\pi}{\nu} \cos \nu \pi + \frac{1}{\nu^2} [\sin \nu x]_{-\pi}^{\pi} \right\} = (-1)^{\nu+1} \frac{2}{\nu} \quad (\nu = 1, 2, 3, \dots)$$

(wegen $\cos \nu\pi = (-1)^\nu$). Somit lautet die Fourierreihe von $f(x)$ gemäß (5.20)

$$2 \left(\sin x - \frac{\sin 2x}{2} + \frac{\sin 3x}{3} - \dots \right).$$

Wenn eine Funktion $f(x)$ in einem beliebigen Intervall I der Länge 2π entwickelt werden soll, darf man, wenn wir sie uns über I hinaus (mit 2π) periodisch fortgesetzt denken, auf Grund der Bemerkung im Anschluß von Satz 5.1 bei der Berechnung der Fourierkoeffizienten in (5.19) die Integrationsgrenzen $-\pi$, π durch die Grenzen von I ersetzen (vergleiche dazu Beispiel 5.3).

5.3.   Eine Konvergenzaussage

Wir kommen nunmehr zur Formulierung von hinreichenden Bedingungen für die Konvergenz der Fourierreihe einer Funktion.

S. 5.2 **Satz 5.2:** *Eine mit 2π periodische Funktion $f(x)$ erfülle die folgenden Bedingungen (Dirichletsche Bedingungen):*

1. $f(x)$ sei in $[-\pi, \pi]$ stückweise stetig,
2. das Intervall $(-\pi, \pi)$ möge sich in eine endliche Anzahl von Teilintervallen zerlegen lassen, in deren Innerem $f(x)$ monoton ist.

Dann konvergiert die Fourierreihe von $f(x)$ für alle x mit der Summe

$$s(x) = \frac{1}{2} (f(x - 0) + f(x + 0)); \tag{5.21}$$

insbesondere ist also $s(x) = f(x)$ an jeder Stelle x, an der $f(x)$ stetig ist. Die Konvergenz ist gleichmäßig in jedem abgeschlossenen Intervall, in dem $f(x)$ stetig ist.

Wir nennen eine Funktion $f(x)$ in einem abgeschlossenen Intervall $[a, b]$ stückweise stetig (vgl. Band 2, 3.3.), wenn sie mit Ausnahme endlich vieler Stellen stetig ist, wobei in jedem inneren Punkt $x_0 \in (a, b)$ die beiden einseitigen Grenzwerte $f(x_0 + 0) =$ $= \lim\limits_{x \to x_0 + 0} f(x)$ und $f(x_0 - 0) = \lim\limits_{x \to x_0 - 0} f(x)$ sowie in den Randpunkten die Grenzwerte $f(a + 0)$ und $f(b - 0)$ existieren und endlich sind. Da im vorstehenden Satz $f(x)$ als stückweise stetig in $[-\pi, \pi]$ und außerdem als mit 2π periodisch vorausgesetzt wird, existieren $f(x_0 \pm 0)$ für alle x. Wenn diese beiden einseitigen Grenzwerte übereinstimmen, so ist nach (5.21) $s(x_0)$ gleich dem gemeinsamen Grenzwert, im Fall der Stetigkeit von $f(x)$ in x_0 also $s(x_0) = f(x_0)$. Wenn sie nicht übereinstimmen, so liegt in x_0 eine Sprungstelle vor, und (5.21) besagt, daß die Fourierreihe in x_0 gegen das arithmetische Mittel aus den beiden einseitigen Grenzwerten konvergiert; dabei spielt es natürlich keine Rolle, ob $f(x)$ in x_0 überhaupt definiert ist, und wenn, welchen Wert $f(x_0)$ hat. Nach dem letzten Teil des Satzes ist die Fourriereihe einer Funktion $f(x)$, die für alle x stetig ist, überall gleichmäßig konvergent.

Wegen der Periodizität von $f(x)$ ist insbesondere

$$f(-\pi + 0) = f(\pi + 0),$$

so daß aus (5.21)

$$s(-\pi) = s(\pi) = \frac{1}{2}(f(\pi - 0) + f(-\pi + 0)) \qquad (5.22)$$

folgt. Wenn man in Satz 5.2 die Voraussetzung der Periodizität von $f(x)$ wegläßt und nur fordert, daß $f(x)$ in $(-\pi, \pi)$ definiert ist und den Dirichletschen Bedingungen genügt, so gilt für die Summe der Fourierreihe von $f(x)$ (5.21) für alle $x \in (-\pi, \pi)$ und (5.22) für $x = \pm\pi$. Versteht man unter $f(x)$ außerhalb des Intervalls $(-\pi, \pi)$ die periodische Fortsetzung (mit der Periode 2π) der in $(-\pi, \pi)$ definierten Funktion $f(x)$, so gilt natürlich (5.21) wieder für alle x.

Die in Beispiel 5.2 betrachtete Funktion $f(x) = x$, $-\pi < x < \pi$, erfüllt offenbar die Dirichletschen Bedingungen. Sie ist sogar stetig in $(-\pi, \pi)$, so daß sie dort durch ihre Fourierreihe dargestellt wird:

$$f(x) = 2\left(\sin x - \frac{\sin 2x}{2} + \frac{\sin 3x}{3} - \dots\right). \qquad (5.23)$$

Bild 5.4 zeigt, wie $f(x) = x$ im Intervall $(-\pi, \pi)$ durch die Teilsummen $s_1(x)$, $s_3(x)$ $s_5(x)$ der Fourierreihe angenähert wird.

Wenn wir die periodische Fortsetzung der zunächst in $(-\pi, \pi)$ definierten Funktion $f(x)$ wieder mit $f(x)$ bezeichnen, so gilt (5.23) sogar für alle x, für die die periodische Fortsetzung definiert ist, d. h. für alle x außer für $x = (2k + 1)\pi$, $k = 0, \pm1, \pm2, \dots$ Dort hat $f(x)$ Sprungstellen mit $f((2k + 1)\pi + 0) = -1$, $f((2k + 1)\pi - 0) = 1$, das arithmetische Mittel beider einseitiger Grenzwerte ist 0 in Übereinstimmung mit der Reihensumme für $x = (2k + 1)\pi$. Die Teilsummen $s_n(x)$ sind in einer Umgebung dieser Stellen nicht zur Approximation von $f(x)$ geeignet, wie Bild 5.4 zeigt (Näheres hierzu in Abschnitt 5.8.).

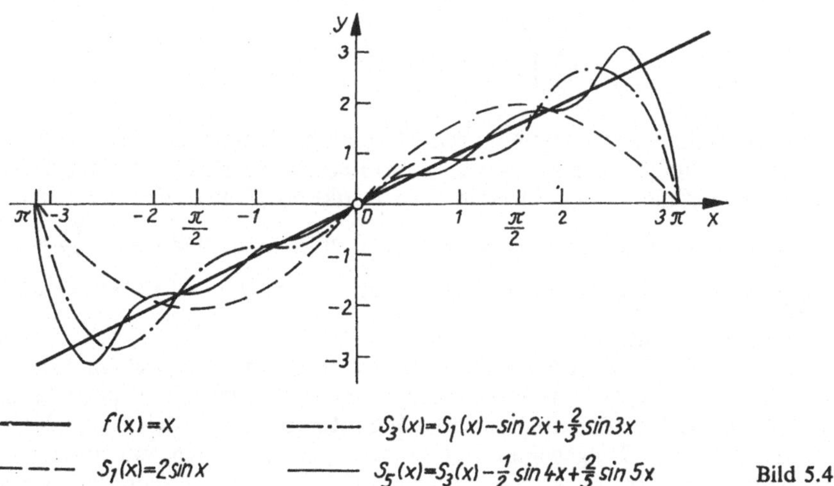

——— $f(x) = x$

— · — $s_3(x) = s_1(x) - \sin 2x + \frac{2}{3}\sin 3x$

— — — $s_1(x) = 2\sin x$

——— $s_5(x) = s_3(x) - \frac{1}{2}\sin 4x + \frac{2}{5}\sin 5x$

Bild 5.4

Eine andere hinreichende Bedingung für die Gültigkeit von (5.21) enthält der folgende Satz.

S. 5.3   Satz 5.3: *Eine mit 2π periodische Funktion $f(x)$, die im Intervall $[-\pi, \pi]$ stückweise stetig ist und eine stückweise stetige Ableitung $f'(x)$ besitzt, hat eine für alle x konvergente Fourierreihe mit der Summe (5.21).*

5.4.   Reine Kosinus- und Sinusreihen. Beliebige Periodenlänge

5.4.1.   Reine Kosinus- und Sinusreihen

Die Formeln (5.19) für die Fourierkoeffizienten einer Funktion $f(x)$ vereinfachen sich, wenn $f(x)$ eine gerade bzw. ungerade Funktion ist, d. h. $f(-x) = f(x)$ bzw. $f(-x) = -f(x)$ gilt. Bei einem Integrationsintervall der Form $(-a, a)$, a beliebig, gilt nämlich $\int\limits_{-a}^{a} \varphi(x)\,dx = 0$ bzw. $\int\limits_{-a}^{a} \varphi(x)\,dx = 2 \int\limits_{0}^{a} \varphi(x)\,dx$ für eine (integrierbare) ungerade bzw. gerade Funktion, wie aus

$$\int\limits_{-a}^{a} \varphi(x)\,dx = \int\limits_{-a}^{0} \varphi(x)\,dx + \int\limits_{0}^{a} \varphi(x)\,dx = \int\limits_{0}^{a} (\varphi(-x) + \varphi(x))\,dx$$

folgt. Wenn nun $f(x)$ eine gerade Funktion ist, so sind, da $\cos vx$ gerade, $\sin vx$ ungerade Funktionen sind, die Produkte $f(x) \cos vx$ gerade, $f(x) \sin vx$ ungerade Funktionen, wie man aus der Definition der geraden und ungeraden Funktionen entnimmt. Daher ergibt sich in diesem Fall

$$b_v = 0, \quad a_v = \frac{2}{\pi} \int\limits_{0}^{\pi} f(x) \cos vx\,dx. \tag{5.24}$$

Die Fourierreihe einer geraden Funktion enthält also nur die Kosinusglieder; man sagt auch, sie sei eine reine Kosinusreihe.

Entsprechend ergibt sich, wenn $f(x)$ ungerade ist,

$$a_v = 0, \quad b_v = \frac{2}{\pi} \int\limits_{0}^{\pi} f(x) \sin vx\,dx; \tag{5.25}$$

die Fourierreihe von $f(x)$ ist eine reine Sinusreihe (vergleiche Beispiel 5.2).

In Anwendungen macht es sich mitunter erforderlich, eine im Intervall $[0, \pi]$ bzw. $(0, \pi)$ definierte und integrierbare Funktion $f(x)$ in eine reine Kosinus- bzw. eine reine Sinusreihe zu entwickeln, also in eine Reihe der Form $\dfrac{a_0}{2} + \sum\limits_{v=1}^{\infty} a_v \cos vx$ bzw. $\sum\limits_{v=1}^{\infty} b_v \sin vx$. Dabei wollen wir annehmen, daß $f(x)$ in $[0, \pi]$ die Dirichletschen Bedingungen erfüllt.

Um eine reine Kosinusreihe zu erhalten, definiert man $f(x)$ im Intervall $[-\pi, 0]$ durch $f(x) = f(-x)$ (gerade Fortsetzung) und setzt dann mit 2π periodisch fort (siehe Bild 5.5, a). Die Koeffizienten der gesuchten Reihe ergeben sich aus (5.24), die Reihensumme ist durch (5.21) gegeben. Entsprechend definiert man, um eine reine Sinusreihe zu erhalten, $f(x)$ für $-\pi < x < 0$ durch $f(x) = -f(-x)$ (ungerade Fortsetzung) und setzt mit 2π periodisch fort (siehe Bild 5.5, b). Die Koeffizienten dieser Entwicklung sind (5.25). Wenn die Funktion $f(x)$ in diesem Fall auch in den Randpunkten 0 und π definiert ist, wird sie durch die Fourierreihe dort genau dann dargestellt, wenn $f(0) = f(\pi) = 0$ gilt, da die Summe einer reinen Sinusreihe für $x = k\pi$, $k = 0$, ± 1, ± 2, ... stets gleich 0 ist.

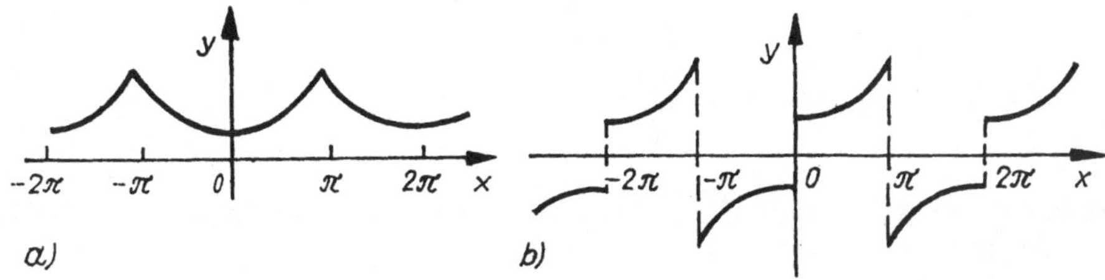

Bild 5.5

5.4.2. Beliebige Periodenlänge

Nachdem bisher ausschließlich trigonometrische Reihen mit 2π als Periodenlänge betrachtet wurden, wollen wir nunmehr von einer Funktion $f(t)$ mit einer beliebigen Periodenlänge T $(T > 0)$ ausgehen. Es gelte also

$$f(t + T) = f(t) \tag{5.26}$$

für alle t. $f(t)$ sei als integrierbar über $\left[-\dfrac{T}{2}, \dfrac{T}{2}\right]$ vorausgesetzt. Substituieren wir

$$t = \frac{T}{2\pi} x, \tag{5.27}$$

so geht $f(t)$ in eine Funktion von x über:

$$g(x) = f\left(\frac{T}{2\pi} x\right).$$

Diese hat die Periode 2π, denn es ist wegen (5.26)

$$g(x + 2\pi) = f\left(\frac{T}{2\pi}(x + 2\pi)\right) = f\left(\frac{T}{2\pi} x + T\right) = f\left(\frac{T}{2\pi} x\right) = g(x)$$

für alle x. Auf die Funktion $g(x)$ können wir aber unsere bisher erhaltenen Ergebnisse anwenden. Die Fourierreihe von $g(x)$ bzw. die Fourierkoeffizienten sind

$$\frac{a_0}{2} + \sum_{\nu=1}^{\infty} (a_\nu \cos \nu x + b_\nu \sin \nu x), \tag{5.28}$$

$$a_\nu = \frac{1}{\pi} \int_{-\pi}^{\pi} f\left(\frac{T}{2\pi} x\right) \cos \nu x \, dx, \qquad b_\nu = \frac{1}{\pi} \int_{-\pi}^{\pi} f\left(\frac{T}{2\pi} x\right) \sin \nu x \, dx. \tag{5.29}$$

Macht man die Substitution (5.27) wieder rückgängig, so erhält man aus (5.28) und (5.29) als Fourierreihe der mit T periodischen Funktion $f(t)$

$$\frac{a_0}{2} + \sum_{\nu=1}^{\infty} (a_\nu \cos \nu \omega t + b_\nu \sin \nu \omega t), \qquad \omega = \frac{2\pi}{T}, \tag{5.30}$$

mit den Fourierkoeffizienten

$$a_\nu = \frac{2}{T} \int\limits_{-\frac{T}{2}}^{\frac{T}{2}} f(t) \cos \nu\omega t \, dt, \quad \nu = 0, 1, 2, \ldots,$$

$$(5.31)$$

$$b_\nu = \frac{2}{T} \int\limits_{-\frac{T}{2}}^{\frac{T}{2}} f(t) \sin \nu\omega t \, dt, \quad \nu = 1, 2, 3, \ldots.$$

Für gerade bzw. ungerade Funktionen ergeben sich Vereinfachungen dieser Formeln analog zu denen in 5.4.1. angeführten, nämlich

$$a_\nu = \frac{4}{T} \int\limits_{0}^{\frac{T}{2}} f(t) \cos \nu\omega t \, dt, \qquad b_\nu = 0, \tag{5.32}$$

im Fall, daß $f(t)$ gerade ist, und

$$a_\nu = 0, \qquad b_\nu = \frac{4}{T} \int\limits_{0}^{\frac{T}{2}} f(t) \sin \nu\omega t \, dt, \tag{5.33}$$

wenn $f(t)$ ungerade ist.

Aus Satz 5.2 folgt: Wenn $f(t)$ den Dirichletschen Bedingungen – für das Intervall $\left[-\frac{T}{2}, \frac{T}{2}\right]$ statt $[-\pi, \pi]$ – genügt, so konvergiert die Reihe (5.30) mit (5.31) für alle t mit der Summe $\frac{1}{2}(f(t-0) + f(t+0))$. Es ist nunmehr möglich, eine Funktion $f(t)$ in einem beliebigen Intervall I der Länge T in eine Fourierreihe (5.30) zu entwickeln, wenn sie dort den Dirichletschen Bedingungen genügt (vgl. dazu die Schlußbemerkung von 5.2.2.); in den Formeln (5.31) für die Fourierkoeffizienten hat man dazu die Grenzen von I als Integrationsgrenzen zu nehmen.

5.5.   Beispiele

Es folgen nun einige Beispiele für die Fourierentwicklungen von Funktionen.

Beispiel 5.3: Es soll $f(x) = x$, $0 < x < 2\pi$, in eine Fourierreihe entwickelt werden. Wir können allgemeiner unter $f(x)$ wieder die periodische Fortsetzung unserer zunächst nur in $(0, 2\pi)$ definierten Funktion verstehen; dann gibt Bild 5.6 den Verlauf von $f(x)$ wieder (Kippspannungen!). Nach der Schlußbemerkung in 5.2.2. kann man in (5.19) 0 und 2π als Integrationsgrenzen wählen, also

$$a_\nu = \frac{1}{\pi} \int\limits_{0}^{2\pi} x \cos \nu x \, dx, \quad b_\nu = \frac{1}{\pi} \int\limits_{0}^{2\pi} x \sin \nu x \, dx.$$

Wir erhalten $a_0 = \frac{1}{\pi} \int\limits_{0}^{2\pi} x \, dx = 2\pi$, und für $\nu \geq 1$ mittels partieller Integration

$$a_\nu = \frac{1}{\pi}\left\{\left[\frac{x}{\nu}\sin \nu x\right]_0^{2\pi} - \frac{1}{\nu}\int_0^{2\pi}\sin \nu x\,\mathrm{d}x\right\} = 0,$$

$$b_\nu = \frac{1}{\pi}\left\{\left[-\frac{x}{\nu}\cos \nu x\right]_0^{2\pi} + \frac{1}{\nu}\int_0^{2\pi}\cos \nu x\,\mathrm{d}x\right\} = -\frac{2}{\nu}.$$

(a_0 muß hier, wie auch sonst im allgemeinen, gesondert berechnet werden, weil die bei der ersten partiellen Integration verwendete Beziehung $\int \cos \nu x\,\mathrm{d}x = \frac{1}{\nu}\sin \nu x + C$ nur für $\nu \geqq 1$ gilt, für $\nu = 0$ aber offensichtlich falsch ist).

Da $f(x)$ in $[0, 2\pi]$ den Dirichletschen Bedingungen genügt, gilt

$$f(x) = \pi - 2\left(\sin x + \frac{\sin 2x}{2} + \frac{\sin 3x}{3} + \dots\right). \tag{5.34}$$

An den Sprungstellen $x = 2k\pi$, $k = 0,\ \pm 1,\ \pm 2,\ \dots$, von $f(x)$ ist die Reihensumme gleich π, übereinstimmend mit dem arithmetischen Mittel aus den einseitigen Grenzwerten an den Sprungstellen, 2π und 0.

Beispiel 5.4: Die Funktion $f(x) = x$, $0 \leqq x \leqq \pi$, soll in eine reine Kosinusreihe entwickelt werden. Gemäß 5.4.1. definieren wir zunächst $f(x) = f(-x) = -x$ für

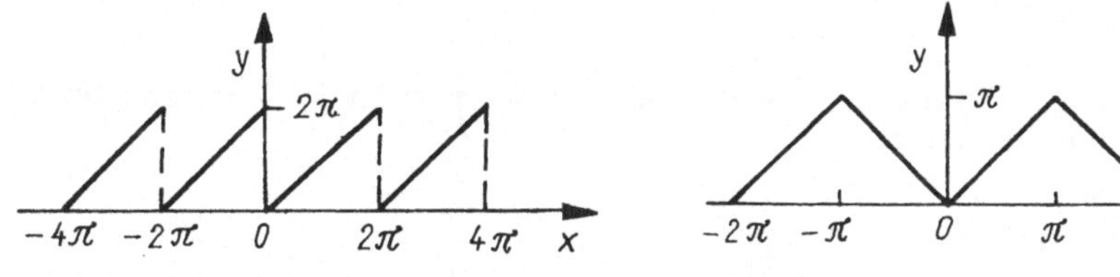

Bild 5.6   Bild 5.7

$-\pi \leqq x \leqq 0$ (so daß wir $f(x) = |x|$ für $x \in [-\pi, \pi]$ haben) und setzen dann periodisch fort (siehe Bild 5.7 – Folge von Dreiecksimpulsen –). Nach (5.24) verschwinden die b_ν; weiter ist

$$a_0 = \frac{2}{\pi}\int_0^{\pi} x\,\mathrm{d}x = \pi,$$

und für $\nu \geqq 1$ gilt

$$a_\nu = \frac{2}{\pi}\int_0^{\pi} x\cos \nu x\,\mathrm{d}x = \frac{2}{\pi}\left\{\left[\frac{x}{\nu}\sin \nu x\right]_0^{\pi} - \frac{1}{\nu}\int_0^{\pi}\sin \nu x\,\mathrm{d}x\right\}$$

$$= \frac{2}{\pi\nu^2}\left[\cos \nu x\right]_0^{\pi} = \frac{2}{\pi}\frac{(-1)^\nu - 1}{\nu^2},$$

also

$$a_{2\mu} = 0, \quad a_{2\mu-1} = -\frac{4}{\pi(2\mu - 1)^2}, \quad \mu = 1, 2, 3, \dots.$$

Da $f(x)$ in $[0, \pi]$ die Dirichletschen Bedingungen erfüllt und für alle x stetig ist, gilt

$$f(x) = \frac{\pi}{2} - \frac{4}{\pi}\left(\frac{\cos x}{1^2} + \frac{\cos 3x}{3^2} + \frac{\cos 5x}{5^2} + \ldots\right). \tag{5.35}$$

Für $x = 0$ erhält man aus (5.35) das Resultat

$$\sum_{\nu=1}^{\infty} \frac{1}{(2\nu - 1)^2} = \frac{1}{1^2} + \frac{1}{3^2} + \frac{1}{5^2} + \ldots = \frac{\pi^2}{8}. \tag{5.36}$$

Beispiel 5.5: Die Funktion $f(x) = x^2$, $-\pi \leqq x \leqq \pi$, soll in eine Fourierreihe entwickelt werden (die periodische Fortsetzung von $f(x)$ ist in Bild 5.8 dargestellt). $f(x)$

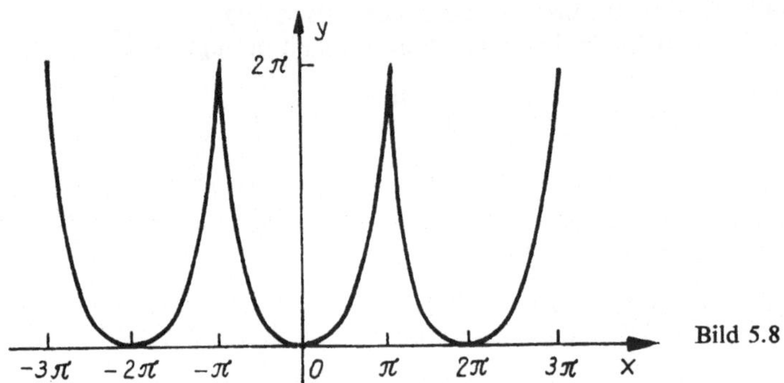

Bild 5.8

ist gerade, also ist $b_\nu = 0$ für alle ν. Weiter ist $a_0 = \frac{2}{\pi} \int_0^\pi x^2 \, dx = \frac{2}{3}\pi^2$, und für die a_ν, $\nu \geqq 1$, erhält man zunächst

$$a_\nu = \frac{2}{\pi} \int_0^\pi x^2 \cos \nu x \, dx = \frac{2}{\pi}\left\{\left[\frac{1}{\nu}x^2 \sin \nu x\right]_0^\pi - \frac{2}{\nu}\int_0^\pi x \sin \nu x \, dx\right\}$$

und unter Benutzung des Ergebnisses in Beispiel 5.2 für das Integral in der geschweiften Klammer

$$a_\nu = -\frac{4}{\pi\nu}(-1)^{\nu+1}\frac{\pi}{\nu} = (-1)^\nu \frac{4}{\nu^2}, \quad \nu \geqq 1.$$

Die Funktion $f(x)$ erfüllt die Dirichletschen Bedingungen, und ihre periodische Fortsetzung ist für alle x stetig. Daher gilt

$$f(x) = \frac{\pi^2}{3} - 4\left(\frac{\cos x}{1^2} - \frac{\cos 2x}{2^2} + \frac{\cos 3x}{3^2} - \ldots\right). \tag{5.37}$$

Für $x = 0$ erhält man hieraus

$$\sum_{\nu=1}^{\infty} (-1)^{\nu-1} \frac{1}{\nu^2} = 1 - \frac{1}{2^2} + \frac{1}{3^2} - \ldots = \frac{\pi^2}{12}, \tag{5.38}$$

und für $x = \pi$

$$\sum_{\nu=1}^{\infty} \frac{1}{\nu^2} = 1 + \frac{1}{2^2} + \frac{1}{3^2} + \ldots = \frac{\pi^2}{6}. \tag{5.39}$$

Die Reihe in (5.37) ist nach Satz 5.2 für alle x gleichmäßig konvergent; daher darf man sie zwischen 0 und einem beliebigen x gliedweise integrieren. Man erhält

$$\int_0^x f(t)\, \mathrm{d}t = \frac{\pi^2}{3}\, x - 4\left(\sin x - \frac{\sin 2x}{2^3} + \frac{\sin 3x}{3^3} - \dots\right).$$

Setzt man $F(x) = \dfrac{\pi^2}{3}\, x - \displaystyle\int_0^x f(t)\, \mathrm{d}t$, das ist $F(x) = \dfrac{\pi^2}{3}\, x - \dfrac{x^3}{3}$ für $-\pi \leqq x \leqq \pi$ und die periodische Fortsetzung dieser Funktion außerhalb dieses Intervalls, kann man das Ergebnis in der Form

$$F(x) = 4\left(\sin x - \frac{\sin 2x}{2^3} + \frac{\sin 3x}{3^3} - \dots\right) \tag{5.40}$$

schreiben. Für $x = \dfrac{\pi}{2}$ ergibt sich

$$\sum_{\nu=1}^{\infty} (-1)^{\nu-1} \frac{1}{(2\nu-1)^3} = 1 - \frac{1}{3^3} + \frac{1}{5^3} - \dots = \frac{\pi^3}{32}. \tag{5.41}$$

Beispiel 5.6: Die Funktion $f(x) = 1$, $0 < x < \pi$, soll in eine reine Sinusreihe entwickelt werden. Gemäß den Ausführungen in 5.4.1. definieren wir

$$f(x) = -1 \quad \text{für} \quad x \in (-\pi, 0) \quad \text{und} \quad f(x + 2k\pi) = f(x),$$

$k = \pm 1, \pm 2, \pm 3, \dots$, für $0 < |x| < \pi$. Das zugehörige Bild 5.9 ist deutbar als Folge von Rechtecksimpulsen. Wir können außerdem noch $f(0) = f(k\pi) = 0$ setzen. Dann

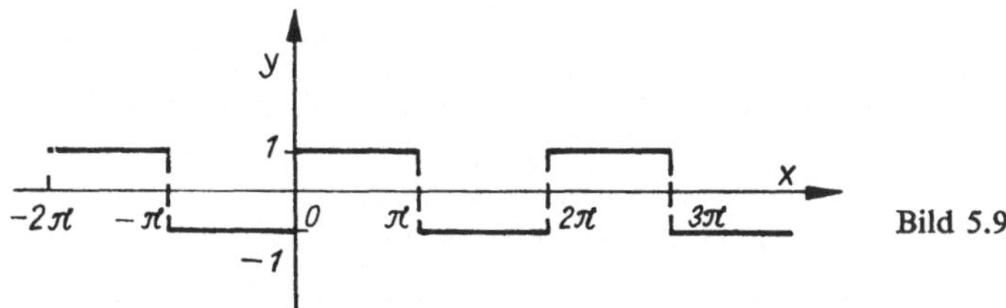

Bild 5.9

erhalten wir nach (5.25) $b_\nu = \dfrac{2}{\pi} \displaystyle\int_0^\pi \sin \nu x\, \mathrm{d}x = \dfrac{2}{\pi\nu}\, [-\cos \nu x]_0^\pi = \dfrac{2}{\pi\nu}\left((-1)^{\nu+1} + 1\right),$

also $b_{2\mu} = 0$, $b_{2\mu-1} = \dfrac{4}{\pi(2\mu-1)}$, $\mu = 1, 2, 3, \dots$, und daraus, da $f(x)$ den Dirichletschen Bedingungen in $[0, \pi]$ genügt,

$$f(x) = \frac{4}{\pi}\left(\sin x + \frac{\sin 3x}{3} + \frac{\sin 5x}{5} + \dots\right). \tag{5.42}$$

Für $x = \dfrac{\pi}{2}$ ergibt sich

$$\sum_{\nu=1}^{\infty} (-1)^{\nu-1} \frac{1}{2\nu-1} = 1 - \frac{1}{3} + \frac{1}{5} - \dots = \frac{\pi}{4}, \tag{5.43}$$

ein Ergebnis, das bereits aus (4.22) folgte.

Beispiel 5.7: Die Funktion

$$f(t) = \begin{cases} 0 & \text{für } -\dfrac{\pi}{\omega} < t \leqq 0, \\[2ex] \sin \omega t & \text{für } 0 \leqq t \leqq \dfrac{\pi}{\omega}, \end{cases} \qquad (\omega > 0),$$

soll in eine Fourierreihe entwickelt werden. Das Bild der periodischen Fortsetzung dieser Funktion mit der Periode $\dfrac{2\pi}{\omega}$ ist in Bild 5.10 wiedergegeben; es kann z. B. einen durch Einweggleichrichtung entstehenden pulsierenden Gleichstrom darstellen.

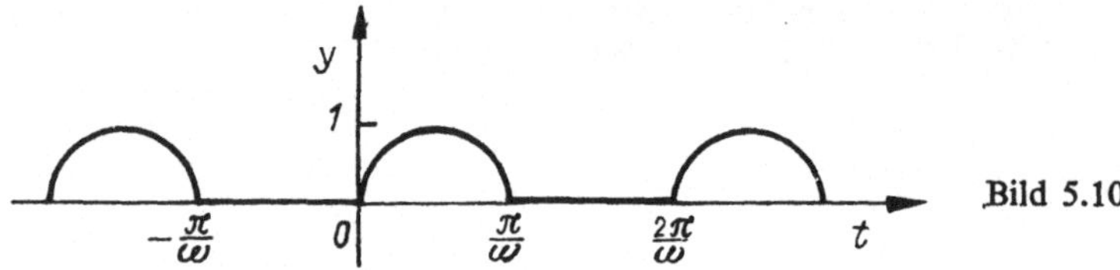

Bild 5.10

Nach (5.31) wird – mit $T = \dfrac{2\pi}{\omega}$ –

$$a_0 = \frac{\omega}{\pi} \int\limits_{-\frac{\pi}{\omega}}^{\frac{\pi}{\omega}} f(t)\, \mathrm{d}t = \frac{\omega}{\pi} \left\{ \int\limits_{-\frac{\pi}{\omega}}^{0} f(t)\, \mathrm{d}t + \int\limits_{0}^{\frac{\pi}{\omega}} f(t)\, \mathrm{d}t \right\} = \frac{\omega}{\pi} \int\limits_{0}^{\frac{\pi}{\omega}} \sin \omega t\, \mathrm{d}t = \frac{2}{\pi}.$$

Entsprechend erhält man für $\nu \geqq 1$, wenn man (5.16) benutzt,

$$a_\nu = \frac{\omega}{\pi} \int\limits_{0}^{\frac{\pi}{\omega}} \sin \omega t \cos \nu \omega t\, \mathrm{d}t = \frac{\omega}{2\pi} \int\limits_{0}^{\frac{\pi}{\omega}} [\sin (\nu + 1) \omega t - \sin (\nu - 1) \omega t]\, \mathrm{d}t,$$

also

$$a_\nu = \frac{\omega}{2\pi} \left[-\frac{\cos (\nu + 1) \omega t}{(\nu + 1) \omega} + \frac{\cos (\nu - 1) \omega t}{(\nu - 1) \omega} \right]_0^{\frac{\pi}{\omega}} \quad \text{für} \quad \nu \geqq 2,$$

während für $\nu = 1$ wegen $\sin (\nu - 1) \omega t = 0$ der zweite Summand entfällt. Daraus folgt $a_1 = 0$ und für $\nu \geqq 2$

$$a_\nu = \frac{1}{2\pi} \left(-\frac{(-1)^{\nu+1} - 1}{\nu + 1} + \frac{(-1)^{\nu-1} - 1}{\nu - 1} \right)$$

oder

$$a_{2\mu-1} = 0, \qquad a_{2\mu} = \frac{1}{2\pi} \left(\frac{2}{2\mu + 1} - \frac{2}{2\mu - 1} \right) = -\frac{2}{\pi(2\mu - 1)(2\mu + 1)},$$

Für die b_ν erhält man, wenn $\nu \geqq 2$ gilt, $\qquad\qquad \mu = 1, 2, 3, \dots$.

$$b_\nu = \frac{\omega}{\pi} \int\limits_{0}^{\frac{\pi}{\omega}} \sin \omega t \sin \nu \omega t\, \mathrm{d}t = \frac{\omega}{2\pi} \int\limits_{0}^{\frac{\pi}{\omega}} [\cos (\nu - 1) \omega t - \cos (\nu + 1) \omega t]\, \mathrm{d}t$$

$$= \frac{1}{2\pi} \left[\frac{\sin (\nu - 1) \omega t}{\nu - 1} - \frac{\sin (\nu + 1) \omega t}{\nu + 1} \right]_0^{\frac{\pi}{\omega}} = 0,$$

während $b_1 = \dfrac{\omega}{2\pi}\dfrac{\pi}{\omega} = \dfrac{1}{2}$ ist. Da $f(t)$ in $\left[-\dfrac{\pi}{\omega}, \dfrac{\pi}{\omega}\right]$ die Dirichletschen Bedingungen erfüllt und stetig ist, gilt somit

$$f(t) = \frac{1}{\pi} + \frac{1}{2}\sin\omega t - \frac{2}{\pi}\left(\frac{\cos 2\omega t}{1\cdot 3} + \frac{\cos 4\omega t}{3\cdot 5} + \frac{\cos 6\omega t}{5\cdot 7} + \ldots\right). \tag{5.44}$$

5.6. Die komplexe Form der Fourierreihe

Die Fourierreihe (5.20) einer über $[-\pi, \pi]$ integrierbaren, mit 2π periodischen Funktion $f(x)$,

$$\frac{a_0}{2} + \sum_{\nu=1}^{\infty}(a_\nu \cos \nu x + b_\nu \sin \nu x),$$

mit den Fourierkoeffizienten (5.19) kann man auch in komplexer Form darstellen. Hierzu benötigen wir die als Eulersche Formel bekannte Beziehung

$$e^{iy} = \cos y + i\sin y \tag{5.45}$$

für reelle y, die in Band 9 hergeleitet wird. Sie verknüpft die Exponentialfunktion für rein imaginäres Argument mit der Kosinus- und Sinusfunktion für reelles Argument. Wird in (5.45) y durch $-y$ ersetzt und $\cos(-y) = \cos y$, $\sin(-y) = -\sin y$ beachtet, ergibt sich

$$e^{-iy} = \cos y - i\sin y, \tag{5.46}$$

und daraus durch Addition zu bzw. Subtraktion von (5.45)

$$\cos y = \frac{1}{2}(e^{iy} + e^{-iy}), \quad \sin y = \frac{1}{2i}(e^{iy} - e^{-iy}) = -\frac{i}{2}(e^{iy} - e^{-iy}). \tag{5.47}$$

Mit (5.47) erhalten wir aus (5.20)

$$\frac{a_0}{2} + \sum_{\nu=1}^{\infty}\left(\frac{a_\nu - ib_\nu}{2}e^{i\nu x} + \frac{a_\nu + ib_\nu}{2}e^{-i\nu x}\right). \tag{5.48}$$

Setzt man noch

$$c_0 = \frac{a_0}{2}, \quad c_\nu = \frac{1}{2}(a_\nu - ib_\nu), \quad c_{-\nu} = \frac{1}{2}(a_\nu + ib_\nu), \quad \nu = 1, 2, 3, \ldots, \tag{5.49}$$

so geht (5.48) in

$$\sum_{\nu=-\infty}^{\infty} c_\nu e^{i\nu x} \tag{5.50}$$

über. (5.50) ist die komplexe Form der Fourierreihe. Unter ihrer Summe ist der Grenzwert

$$\lim_{n\to\infty} \sum_{\nu=-n}^{n} c_\nu e^{i\nu x}$$

7*

zu verstehen. Für die durch (5.49) eingeführten, sogenannten komplexen Fourier-koeffizienten c_ν ergibt sich aus (5.19), (5.45) und (5.46)

$$c_0 = \frac{1}{2\pi} \int\limits_{-\pi}^{\pi} f(x)\, dx,$$

$$c_\nu = \frac{1}{2\pi} \int\limits_{-\pi}^{\pi} f(x)\,(\cos \nu x - i \sin \nu x)\, dx = \frac{1}{2\pi} \int\limits_{-\pi}^{\pi} f(x)\, e^{-i\nu x}\, dx, \qquad (5.51)$$

$$c_{-\nu} = \frac{1}{2\pi} \int\limits_{-\pi}^{\pi} f(x)\,(\cos \nu x + i \sin \nu x)\, dx = \frac{1}{2\pi} \int\limits_{-\pi}^{\pi} f(x)\, e^{i\nu x}\, dx,$$
$$\nu = 1, 2, 3, \ldots,$$

wofür man einheitlich

$$c_\nu = \frac{1}{2\pi} \int\limits_{-\pi}^{\pi} f(x)\, e^{-i\nu x}\, dx, \quad \nu = 0, \pm 1, \pm 2, \ldots, \qquad (5.52)$$

schreiben kann. Aus (5.49) ist noch zu entnehmen, daß c_ν und $c_{-\nu}$ (für reellwertige $f(x)$) konjugiert komplexe Zahlen sind.

Man sagt, daß jede der Funktionen $e^{i\nu x}$ eine komplexe harmonische Schwingung beschreibt; (5.50) interpretiert man als Superposition (unendlich vieler) solcher komplexen harmonischen Schwingungen. Die Koeffizienten c_ν werden komplexe Amplituden dieser Schwingungen genannt; nach (5.49) ist nämlich $|c_\nu| = \frac{1}{2} |a_\nu \mp i b_\nu|$ $= \frac{1}{2} \sqrt{a_\nu^2 + b_\nu^2}$, also bis auf den Faktor $\frac{1}{2}$ gleich der Amplitude der harmonischen Schwingung $a_\nu \cos \nu x + b_\nu \sin \nu x$. Die Folge der c_ν nennt man auch Spektralfolge zu $f(x)$.

Für eine Funktion $f(t)$ mit der Periode T erhält man statt (5.50) und (5.52)

$$\sum_{\nu=-\infty}^{\infty} c_\nu\, e^{i\nu\omega t}, \quad \omega = \frac{2\pi}{T}, \qquad (5.53)$$

$$c_\nu = \frac{1}{T} \int\limits_{-\frac{T}{2}}^{\frac{T}{2}} f(t)\, e^{-i\nu\omega t}\, dt. \qquad (5.54)$$

Beispiel 5.8: Die komplexe Form der Fourierreihe (5.44) in Beispiel 5.7 bestimmt sich unter Benutzung von (5.49) zu

$$f(t) = \frac{i}{4}\,(e^{-i\omega t} - e^{i\omega t}) - \frac{1}{\pi} \sum_{\mu=-\infty}^{\infty} \frac{e^{2\mu i\omega t}}{(2\mu - 1)(2\mu + 1)}. \qquad (5.55)$$

5.7.   Numerische harmonische Analyse

In den Ingenieurwissenschaften kommt es häufig vor, daß die Funktion $f(t)$, deren Fourierreihe benötigt wird, nur an diskreten Stellen bekannt ist oder die Integrale (5.31) zur Berechnung der Koeffizienten zu kompliziert sind. Dann approximiert man die Reihe durch ein sogenanntes trigonometrisches Polynom. Wir betrachten zunächst seine komplexe Form und gehen dann zur reellen über.

Gegeben seien von einer Funktion $f(t)$ in einem Intervall $\left[-\dfrac{T}{2}, \dfrac{T}{2}\right]$ die Werte an den $2n$ Stützstellen $t_k = k\dfrac{T}{2n}$, $k = 0, \pm 1, ..., \pm(n-1), -n$. Wenn man sogleich (t) mit T periodisch voraussetzt, kennt man $f(t)$ für alle t_k mit ganzzahligem k: es ist $f(t_{k+2n}) = f(t_k)$. Wir stellen die Aufgabe, $f(t)$ durch eine Summe

$$P_{2n}(t) = \sum_{l=-n}^{n-1} c_l \, e^{il\omega t}, \quad \omega = \frac{2\pi}{T}, \tag{5.56}$$

[vgl. (5.53)] zu interpolieren, d. h., wir fordern

$$P_{2n}(t_k) = f(t_k), \quad k = 0, \pm 1, ..., \pm(n-1), -n. \tag{5.57}$$

Es ist $\omega t_k = \dfrac{k\pi}{n}$, und wegen der Periodizität der Exponentialfunktion (siehe Band 9) ist

$$e^{il\omega t_{k+2n}} = e^{il(k+2n)\frac{\pi}{n}} = e^{ilk\frac{\pi}{n}} = e^{il\omega t_k},$$

also $P_{2n}(t_{k+2n}) = P_{2n}(t_k)$, so daß, wenn (5.57) für die genannten k erfüllt ist, die Gleichung für alle ganzzahligen k richtig ist.

Für die weitere Rechnung benötigen wir die Beziehungen

$$\sum_{k=-n}^{n-1} e^{il\omega t_k} e^{-im\omega t_k} = \begin{cases} 2n, & \text{wenn } l - m = v \cdot 2n, \ v \text{ ganzzahlig,} \\ 0 & \text{sonst} \end{cases} \tag{5.58}$$

für ganzzahlige m, n. Die erste folgt daraus, daß dann alle Summanden der linken Seite gleich 1 sind. In der anderen erhält man mit $z = e^{i(l-m)\frac{\pi}{n}}$ wegen $z \neq 0, z \neq 1$ und $z^{2n} = 1$:

$$\sum_{k=-n}^{n-1} z^k = z^{-n} \sum_{l=0}^{2n-1} z^l = z^{-n} \frac{1 - z^{2n}}{1 - z} = 0.$$

Multipliziert man nun (5.57), nachdem man für die linke Seite (5.56) für $t = t_k$ eingesetzt hat, mit $e^{-im\omega t_k}$ und summiert über k von $-n$ bis $n-1$, ergibt sich

$$\sum_{k=-n}^{n-1} \sum_{l=-n}^{n-1} c_l \, e^{i(l-m)\omega t_k} = \sum_{k=-n}^{n-1} f(t_k) \, e^{-im\omega t_k}.$$

Vertauscht man auf der linken Seite die Summationsreihenfolge, erhält man wegen (5.58), wenn man durch $2n$ dividiert und l statt m schreibt,

$$c_l = \frac{1}{2n} \sum_{k=-n}^{n-1} f(t_k) \, e^{-il\omega t_k}, \quad l = 0, \pm 1, ..., \pm(n-1), -n. \tag{5.59}$$

(5.56) mit den Koeffizienten (5.59) ist die Lösung der Interpolationsaufgabe (5.57). Vergleichen Sie (5.59) mit den exakten komplexen Fourierkoeffizienten (5.54)!

Um zu einer reellen Lösung der Interpolationsaufgabe zu kommen, setzt man

$$a_l = c_l + c_{-l}, \quad b_l = i(c_l - c_{-l}), \quad l = 0, 1, ..., n-1, \tag{5.60}$$

$$a_n = 2c_{-n}, \quad b_n = 0,$$

[vgl. (5.49)]. Dann folgt aus (5.59) wegen (5.47)

$$a_l = \frac{1}{2n} \sum_{k=-n}^{n-1} f(t_k) \, (e^{-il\omega t_k} + e^{il\omega t_k}) = \frac{1}{n} \sum_{k=-n}^{n-1} f(t_k) \cos l\omega t_k,$$

$l = 0, 1, ..., n$, und eine entsprechende Beziehung ergibt sich für die b_l. Wegen der Periodizität von $f(t)$ und des Kosinus kann auch von $k = 0$ bis $2n - 1$ summiert werden. Somit ergeben sich die reellen Koeffizienten

$$a_l = \frac{1}{n} \sum_{k=0}^{2n-1} f(t_k) \cos l\omega t_k, \quad l = 0, 1, ..., n,$$
$$b_l = \frac{1}{n} \sum_{k=0}^{2n-1} f(t_k) \sin l\omega t_k, \quad l = 1, 2, ..., n - 1. \tag{5.61}$$

Aus (5.56) folgt mit Hilfe von (5.45), (5.46) für $l = 1, 2, ..., n - 1$: $c_l\, e^{il\omega t} + c_{-l}\, e^{-il\omega t} = a_l \cos l\omega t + b_l \sin l\omega t$, und für $l = 0$ wegen (5.60) $c_0\, e^{il\omega t} = c_0 = \dfrac{a_0}{2}$. Der noch fehlende Summand $c_{-n}\, e^{-in\omega t}$ aus $P_{2n}(t)$ läßt sich nicht in eine reelle Form überführen. Er stimmt aber an den Stützstellen t_k mit $\varphi(t) = \frac{1}{2}\,(c_{-n}\, e^{-in\omega t} + c_n\, e^{in\omega t})$ für $c_n = c_{-n}$ überein, und wegen (5.47), (5.60) ist $\varphi(t) = \dfrac{a_n}{2} \cos n\omega t$. Wenn wir also in (5.56) den Summanden für $l = -n$ durch $\varphi(t)$ ersetzen (die abgeänderte Summe sei mit $P_{2n}^*(t)$ bezeichnet), erhalten wir ebenfalls eine Lösung unserer Interpolationsaufgabe, und diese hat die reelle Form

$$P_{2n}^*(t) = \frac{a_0}{2} + \sum_{l=1}^{n-1} (a_l \cos l\omega t + b_l \sin l\omega t) + \frac{a_n}{2} \cos n\omega t \tag{5.62}$$

mit den Koeffizienten (5.61). Die Bestimmung des trigonometrischen Polynoms $P_{2n}^*(t)$ aus $2n$ Funktionswerten von $f(t)$ tritt an die Stelle der Fourierreihe (5.30) von $f(t)$ mit den Fourierkoeffizienten (5.31), wenn die am Beginn des Abschnitts genannte Situation vorliegt. Man spricht dann von der numerischen harmonischen Analyse. Erwähnt sei noch, daß sich (5.61) auch direkt aus (5.31) mit Hilfe der Trapezregel herleiten läßt. Weitere Ausführungen zur numerischen harmonischen Analyse finden sich in Band 18.

5.8.   Die Größenordnung der Fourierkoeffizienten

Aus einer Rechnung, die in 5.10. durchgeführt wird, folgt, daß die Fourierkoeffizienten a_ν, b_ν einer in $[-\pi, \pi]$ stückweise stetigen Funktion $f(x)$ für $\nu \to \infty$ gegen 0 streben. Wie die Beispiele in 5.5 zeigen, können sie aber unterschiedlich stark gegen 0 gehen. So haben die Fourierkoeffizienten in den Beispielen 5.3 und 5.6 die Ordnung $O\left(\dfrac{1}{\nu}\right)$, in den Beispielen 5.4, 5.5 und 5.7 dagegen die Ordnung $O\left(\dfrac{1}{\nu^2}\right)$ (nach 4.6.1. heißt das, daß eine positive, von ν unabhängige Zahl K existiert, so daß $|a_\nu| \leq \dfrac{K}{\nu^2}$, $|b_\nu| \leq \dfrac{K}{\nu^2}$ für alle $\nu \geq 1$ gilt). Das hängt davon ab, ob die periodische Fortsetzung von $f(x)$ Sprungstellen besitzt oder nicht. Eine erste, einfache Aussage über die Ordnung der Fourierkoeffizienten macht der folgende

S. 5.4 **Satz 5.4:** *Es sei $f(x)$ eine mit 2π periodische, stetige Funktion, deren Ableitung im Intervall $[-\pi, \pi]$ stückweise stetig ist. Dann gilt*

$$\lim_{\nu \to \infty} \nu a_\nu = \lim_{\nu \to \infty} \nu b_\nu = 0. \tag{5.63}$$

(5.63) kann auch in der Form $a_\nu = o\left(\dfrac{1}{\nu}\right)$, $b_\nu = o\left(\dfrac{1}{\nu}\right)$ geschrieben werden, d. h., die Fourierkoeffizienten streben stärker gegen 0 als $\dfrac{1}{\nu}$.

Beweis. Auf Grund der Voraussetzungen ist $f'(x)$ über $[-\pi, \pi]$ integrierbar. Bezeichnet man die Fourierkoeffizienten von $f'(x)$ mit a_ν' und b_ν', so erhält man unter Beachtung der wegen der Periodizität von $f(x)$ gültigen Gleichung $f(\pi) = f(-\pi)$ mittels partieller Integration

$$a_\nu' = \frac{1}{\pi} \int\limits_{-\pi}^{\pi} f'(x) \cos \nu x \, \mathrm{d}x = \frac{\nu}{\pi} \int\limits_{-\pi}^{\pi} f(x) \sin \nu x \, \mathrm{d}x = \nu b_\nu,$$

und entsprechend $b_\nu' = -\nu a_\nu$, $\nu = 1, 2, 3, \ldots$. Da nach unserer einleitenden Bemerkung a_ν' und b_ν' als Fourierkoeffizienten einer in $[-\pi, \pi]$ stückweise stetigen Funktion gegen 0 streben, hat man $\lim\limits_{\nu \to \infty} b_\nu' = \lim\limits_{\nu \to \infty} a_\nu' = 0$ und somit (5.63). ∎

Allgemein gilt der folgende

Satz 5.5: *Es sei $f(x)$ eine mit 2π periodische Funktion, die für alle x stetige Ableitungen bis zur $(k-1)$-ten Ordnung $(k = 1, 2, 3, \ldots)$ besitzen möge, während $f^{(k)}(x)$ im Intervall $[-\pi, \pi]$ den Dirichletschen Bedingungen genüge. Dann haben die Fourierkoeffizienten von $f(x)$ die Größenordnung* S. 5.5

$$a_\nu = O\left(\frac{1}{\nu^{k+1}}\right), \qquad b_\nu = O\left(\frac{1}{\nu^{k+1}}\right), \qquad \nu = 1, 2, 3, \ldots. \tag{5.64}$$

Im Fall $k = 1$ erhalten wir unter den im Vergleich zu Satz 5.4 stärkeren Voraussetzungen dieses Satzes das gegenüber (5.63) schärfere Ergebnis $a_\nu = O\left(\dfrac{1}{\nu^2}\right)$, $b_\nu = O\left(\dfrac{1}{\nu^2}\right)$, das für die Beispiele 5.4, 5.5, 5.7 zutrifft. Die Fourierreihe der Funktion $F(x)$ in Beispiel 5.5, deren Ableitung durchweg stetig ist und deren zweite Ableitung in $[-\pi, \pi]$ die Dirichletschen Bedingungen erfüllt, liefert ein Beispiel, in dem die Fourierkoeffizienten von der Ordnung $O\left(\dfrac{1}{\nu^3}\right)$ sind. Sinngemäß gilt Satz 5.5 auch im Fall $k = 0$: Wenn eine mit 2π periodische Funktion $f(x)$ im Intervall $[-\pi, \pi]$ den Dirichletschen Bedingungen genügt, gelten $a_\nu = O\left(\dfrac{1}{\nu}\right)$ und $b_\nu = O\left(\dfrac{1}{\nu}\right)$.

5.9. Das Verhalten der Fourierreihe einer Funktion in der Umgebung einer Sprungstelle (Gibbssches Phänomen)

Die Fourierreihe einer Funktion $f(x)$, die im Intervall $[-\pi, \pi]$ den Dirichletschen Bedingungen genügt, ist nach Satz 5.2 in jedem abgeschlossenen Teilintervall von $[-\pi, \pi]$, in dem $f(x)$ stetig ist, gleichmäßig konvergent und hat $f(x)$ als Summenfunktion. In einer (beliebig kleinen) Umgebung einer Sprungstelle x_0 von $f(x)$ jedoch ist die Konvergenz der Fourierreihe nicht gleichmäßig (das folgt aus Satz 3.3). Darüberhinaus zeigen die Teilsummen $s_n(x)$ der Fourierreihe von $f(x)$ an einer solchen Stelle ein eigenartiges Verhalten, das als Gibbssches Phänomen bekannt ist. Wir untersuchen dieses zunächst für die in Beispiel 5.6 angegebene Fourierreihe in der Umgebung von $x_0 = 0$.

Das dort erhaltene Ergebnis können wir – bei Beschränkung auf das Intervall $(-\pi, \pi)$ – auch so formulieren: Die Reihe

$$\sin x + \frac{\sin 3x}{3} + \frac{\sin 5x}{5} + \cdots \tag{5.65}$$

ist die Fourierreihe der Funktion

$$f(x) = \begin{cases} -\dfrac{\pi}{4} & \text{für} \quad -\pi < x < 0, \\[2mm] 0 & \text{für} \quad x = 0, \\[2mm] \dfrac{\pi}{4} & \text{für} \quad 0 < x < \pi \end{cases}$$

und stellt $f(x)$ in $(-\pi, \pi)$ dar. Wir wollen das Verhalten ihrer Teilsummen,

$$s_n(x) = \sin x + \frac{1}{3}\sin 3x + \cdots + \frac{1}{2n-1}\sin(2n-1)\,x, \tag{5.66}$$

in einer Umgebung der Sprungstelle $x_0 = 0$ betrachten. Da die $s_n(x)$ ungerade Funktionen sind, können wir uns auf eine rechtsseitige Umgebung von 0, etwa auf $\left[0, \dfrac{\pi}{2}\right]$, beschränken. Um die Lage der Maxima und Minima zu bestimmen, bilden wir $s_n'(x)$:

$$s_n'(x) = \cos x + \cos 3x + \cdots + \cos(2n-1)\,x. \tag{5.67}$$

Indem wir $2\sin x$ mit (5.67) multiplizieren,

$$2s_n'(x)\sin x = 2\cos x \sin x + 2\cos 3x \sin x + \cdots + 2\cos(2n-1)\,x\sin x,$$

und auf die Summanden der rechten Seite die aus dem Additionstheorem der Sinusfunktion folgende Beziehung $2\cos u \sin v = \sin(u+v) - \sin(u-v)$ anwenden:

$$2s_n'(x)\sin x = (\sin 2x - 0) + (\sin 4x - \sin 2x) + \cdots$$
$$+ (\sin 2nx - \sin(2n-2)\,x) = \sin 2nx,$$

erhalten wir

$$s_n'(x) = \cos x + \cos 3x + \cdots + \cos(2n-1)\,x = \frac{\sin 2nx}{2\sin x}, \quad (x \neq 0). \tag{5.68}$$

Die Formel gilt aber auch für $x = 0$, wenn wir in diesem Fall die rechte Seite als Grenzwert $\lim\limits_{x \to 0} \dfrac{\sin 2nx}{2\sin x}\,(= n)$ interpretieren. Diese Interpretation soll auch in den folgenden Formeln für ähnliche Quotienten gelten, die in $x = 0$ nicht definiert sind, aber einen Grenzwert für $x \to 0$ besitzen. Mit Hilfe der Doppelwinkelformel für die Sinusfunktion folgt schließlich

$$s_n'(x) = \frac{\sin nx \cos nx}{\sin x}. \tag{5.69}$$

Die Nullstellen von $s_n'(x)$ in $\left[0, \dfrac{\pi}{2}\right]$ ergeben sich daher aus der Gleichung $\sin nx \cos nx = 0$, sie liegen also bei $x_{1k} = \dfrac{2k-1}{2n}\pi$, $k = 1, 2, \ldots, \left[\dfrac{n+1}{2}\right]$, und bei $x_{2k} = \dfrac{k}{n}\pi$, $k = 1, 2, \ldots, \left[\dfrac{n}{2}\right]$, wobei die x_{1k} Maxima, die x_{2k} Minima von $s_n(x)$

sind. Der Funktionswert $s_n\left(\dfrac{\pi}{2n}\right)$ an der ersten positiven Maximalstelle $x_{11} = \dfrac{\pi}{2n}$ ergibt sich wegen der aus (5.68) folgenden Beziehung

$$s_n(x) = \int\limits_0^x (\cos t + \cos 3t + \ldots + \cos(2n-1)\,t)\,\mathrm{d}t = \frac{1}{2}\int\limits_0^x \frac{\sin 2nt}{\sin t}\,\mathrm{d}t$$

zu

$$s_n\left(\frac{\pi}{2n}\right) = \frac{1}{2}\int\limits_0^{\frac{\pi}{2n}} \frac{\sin 2nt}{\sin t}\,\mathrm{d}t, \tag{5.70}$$

und nach Substitution $x = 2nt$ können wir

$$s_n\left(\frac{\pi}{2n}\right) = \frac{1}{2}\int\limits_0^{\pi} \frac{\sin x}{x}\; \frac{\dfrac{x}{2n}}{\sin\dfrac{x}{2n}}\,\mathrm{d}x \tag{5.71}$$

schreiben. Da $\lim\limits_{n\to\infty} \dfrac{\sin\dfrac{x}{2n}}{\dfrac{x}{2n}} = 1$ gleichmäßig im Intervall $0 \leqq x \leqq \pi$ gilt, strebt $s_n\left(\dfrac{\pi}{2n}\right)$ für $n \to \infty$ gegen einen Grenzwert; es ist

$$\lim_{n\to\infty} s_n\left(\frac{\pi}{2n}\right) = \frac{1}{2}\int\limits_0^{\pi} \frac{\sin x}{x}\,\mathrm{d}x = \frac{1}{2}\,\mathrm{Si}\,\pi \tag{5.72}$$

(zu $\mathrm{Si}\,x$ siehe Beispiel 4.10). Das heißt, daß das erste positive Maximum von $s_n(x)$, das bei $x_{11} = \dfrac{\pi}{2n}$ angenommen wird, für große n in der Nähe des Wertes $\frac{1}{2}\,\mathrm{Si}\,\pi$ $\approx 0{,}926$ liegt und damit den konstanten Funktionswert $f(x) = \dfrac{\pi}{4} \approx 0{,}785$ um $0{,}141$ übertrifft (das ist etwa das $0{,}09$fache der Sprunghöhe $\sigma = f(+0) - f(-0) = \dfrac{\pi}{2}$ von $f(x)$ an der Stelle $x_0 = 0$). Mit wachsendem n rückt x_{11} näher an 0 heran, und der Maximalwert strebt (und zwar von oben her, wie man aus (5.71) ablesen kann) gegen $\frac{1}{2}\,\mathrm{Si}\,\pi$.

Auch die x_{1k}, $k = 2, 3, \ldots, \left[\dfrac{n+1}{2}\right]$ streben für $n \to \infty$ gegen 0, die Grenzwerte $\lim\limits_{n\to\infty} s_n(x_{1k})$ existieren und sind alle größer als $\dfrac{\pi}{4}$, nehmen jedoch mit wachsendem k ab (und zwar ist $\lim\limits_{n\to\infty} s_n(x_{1k}) = \frac{1}{2}\,\mathrm{Si}\,(2k-1)\,\pi$). An den Minimalstellen x_{2k} streben die Teilsummen $s_n(x)$ für $n \to \infty$ gegen Grenzwerte, die kleiner als $\dfrac{\pi}{4}$ sind; die Abweichungen gegenüber $\dfrac{\pi}{4}$ werden mit wachsendem k ebenfalls kleiner. Dieses vorstehend beschriebene Verhalten der Teilsummen $s_n(x)$ in einer Umgebung der Sprungstelle $x = 0$ nennt man Gibbssches Phänomen. Es ist in Bild 5.11 für das Intervall $\left[-\dfrac{\pi}{2}, \dfrac{\pi}{2}\right]$ graphisch dargestellt (für $n = 6$; der Verlauf der $s_n(x)$ für negative x ergibt sich, da $s_n(x)$ ungerade Funktionen sind, durch Spiegelung am Null-punkt). Von einem gewissen n an verlaufen alle Teilsummenkurven $y = s_n(x)$ inner-halb des in Bild 5.12a skizzierten Gebietes; als Grenzkurve für $n \to \infty$ ergibt sich der bei $x = 0$ nach oben und unten um jeweils 9 % der Sprunghöhe verlängerte Strecken-zug, Bild 5.12b.

Das am Beispiel beschriebene Gibbssche Phänomen zeigt sich allgemein in der Umgebung einer Sprungstelle einer in $[-\pi, \pi]$ den Dirichletschen Bedingungen

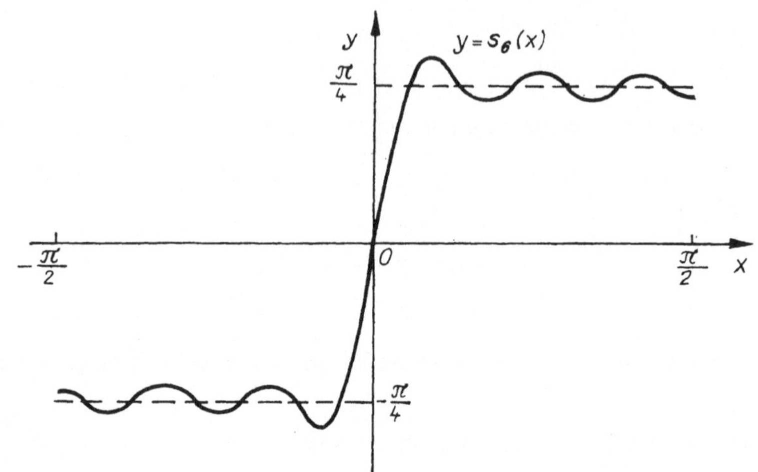

Bild 5.11

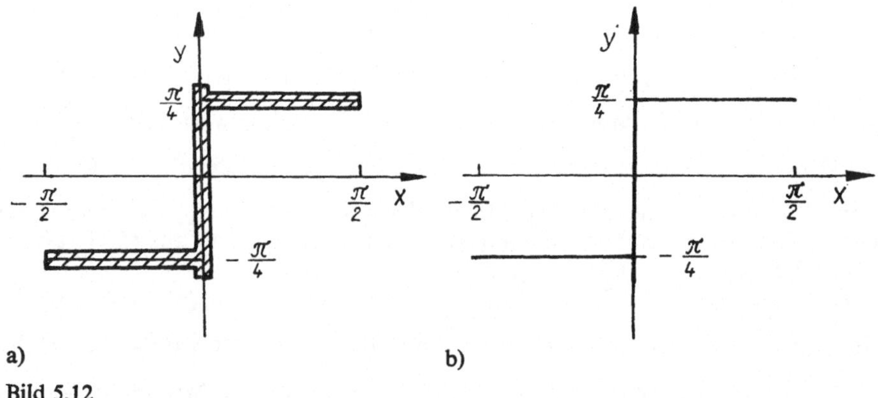

a)   b)

Bild 5.12

genügenden Funktion $f(x)$. Wenn $x_0 \in [-\pi, \pi]$ eine Sprungstelle von $f(x)$ mit der Sprunghöhe $\sigma = f(x_0 + 0) - f(x_0 - 0)$ ist, so ist $s_n(x_0)$ wenigstens näherungsweise gleich $\frac{1}{2}(f(x_0 + 0) + f(x_0 - 0))$. In einer rechtsseitigen Umgebung von x_0 steigt $s_n(x)$ zunächst steil an bis zu einem Wert, der in der Nähe von

$$\frac{1}{2}(f(x_0 + 0) + f(x_0 - 0)) + \frac{\sigma}{\pi} \operatorname{Si} \pi = f(x_0 + 0) + \sigma \left(\frac{\operatorname{Si} \pi}{\pi} - \frac{1}{2}\right)$$

liegt $\left(\text{es ist } \dfrac{\text{Si } \pi}{\pi} - \dfrac{1}{2} \approx 0{,}09\text{, so daß } s_n(x) \text{ den rechtsseitigen Grenzwert } f(x_0 + 0) \text{ um}\right.$
etwa das 0,09fache der Sprunghöhe übersteigt), und oszilliert dann um $f(x)$, wobei die Beträge der jeweils größten Abweichungen von $s_n(x)$ gegenüber $f(x)$ mit der Entfernung von der Sprungstelle x_0 abnehmen. Entsprechend fällt $s(x)$ von x_0 aus nach links steil ab bis zu einem Wert nahe $f(x_0 - 0) - \sigma\left(\dfrac{\text{Si } \pi}{\pi} - \dfrac{1}{2}\right)$ und oszilliert dann ebenfalls um $f(x)$.

5.10. Approximation im quadratischen Mittel

Abschließend sollen die Fourierkoeffizienten noch unter einer anderen Aufgabenstellung betrachtet werden. Dabei fassen wir die Ausführungen allgemeiner als bisher und werden auf die speziellen Fourierkoeffizienten erst am Ende des Abschnitts zurückkommen.

Wir gehen anstelle von (5.17) von einem allgemeinen orthogonalen Funktionensystem aus. Der Begriff der Orthogonalität ist aus der Vektorrechnung bekannt: zwei Vektoren $\neq \mathbf{o}$ heißen orthogonal, wenn ihr Skalarprodukt gleich null ist. Verallgemeinernd versteht man unter dem Skalarprodukt von zwei auf einem Intervall $[a, b]$ definierten, reellwertigen und quadratisch integrierbaren[1]) Funktionen f, g über diesem Intervall das Integral $\int\limits_a^b f(x)\,g(x)\,\mathrm{d}x$ und nennt f, g über $[a, b]$ orthogonal, wenn ihr Skalarprodukt null ist und f, g in $[a, b]$ nicht identisch verschwinden. In Analogie zum Betrag eines Vektors $\mathbf{a}$, $|\mathbf{a}| = \sqrt{\mathbf{aa}}$, definiert man die Norm einer solchen Funktion f durch $\|f\| = \left(\int\limits_a^b f^2(x)\,\mathrm{d}x\right)^{\frac{1}{2}}$. Wir kommen zum Begriff des orthogonalen Funktionensystems.

Definition 5.2: *Eine Menge von in einem Intervall $[a, b]$ definierten, nicht identisch verschwindenden, reellwertigen, quadratisch integrierbaren Funktionen* $\varphi_0(x), \varphi_1(x),$ $\varphi_2(x), \ldots$ *heißt ein orthogonales Funktionensystem über* $[a, b]$, *wenn* **D. 5.2**

$$\int\limits_a^b \varphi_\mu(x)\,\varphi_\nu(x)\,\mathrm{d}x = 0 \quad \textit{für alle} \quad \mu \neq \nu, \quad \mu, \nu = 0, 1, 2, \ldots, \tag{5.73}$$

gilt. Wenn außerdem

$$\|\varphi_\nu\|^2 = \int\limits_a^b \varphi_\nu^2(x)\,\mathrm{d}x = 1 \quad \textit{für alle} \quad \nu = 0, 1, 2, \ldots \tag{5.74}$$

erfüllt ist, heißen die $\varphi_\nu(x)$ *normiert und die Menge* $\{\varphi_\nu(x)\}$ *ein Orthonormalsystem (ONS).*

Wenn $\{f_\nu(x)\}$ ein zwar orthogonales System, aber kein ONS ist, bildet die Menge $\{\varphi_\nu(x)\}$ mit $\varphi_\nu(x) = \dfrac{1}{\|f_\nu\|} f_\nu(x)$ ein ONS, da dann (5.74) erfüllt ist. Wegen $\int\limits_{-\pi}^{\pi} \mathrm{d}x = 2\pi$

---

[1]) $f(x)$ heißt quadratisch integrierbar über $[a, b]$, wenn $\int\limits_a^b f^2(x)\,\mathrm{d}x$ existiert.

und (5.15) entsteht aus dem orthogonalen System (5.17) durch Normierung

$$\varphi_0(x) = \frac{1}{\sqrt{2\pi}}, \qquad \varphi_{11}(x) = \frac{1}{\sqrt{\pi}}\cos x, \qquad \varphi_{12}(x) = \frac{1}{\sqrt{\pi}}\sin x,$$

$$\varphi_{21}(x) = \frac{1}{\sqrt{\pi}}\cos 2x, \qquad \varphi_{22}(x) = \frac{1}{\sqrt{\pi}}\sin 2x, \dots \tag{5.75}$$

als ONS über $[-\pi, \pi]$. Ein weiteres ONS, und zwar über $[-1, 1]$, bildet die Menge der Funktionen $\varphi_n(x) = \sqrt{\dfrac{2n + 1}{2}}\,P_n(x)$, wobei die $P_n(x)$ die Legendreschen Polynome sind (siehe Beispiel 4.19).

Man kann nun den Begriff der Fourierreihe dahingehend verallgemeinern, daß man statt von (5.75) von einem beliebigen ONS ausgeht.

D. 5.3 **Definition 5.3:** *Es sei $\{\varphi_\nu(x)\}$ ein ONS über $[a, b]$, und $f(x)$ eine über $[a, b]$ quadratisch integrierbare Funktion ($f(x), \varphi_\nu(x)$ reellwertig). Dann heißen die Zahlen*

$$c_\nu = \int_a^b f(x)\,\varphi_\nu(x)\,\mathrm{d}x, \quad \nu = 0, 1, 2, \dots \tag{5.76}$$

die (verallgemeinerten) Fourierkoeffizienten von $f(x)$ bezüglich des ONS $\{\varphi_\nu(x)\}$, und die mit diesen gebildete Reihe $\sum\limits_{\nu=0}^{\infty} c_\nu\varphi_\nu(x)$ heißt (verallgemeinerte) Fourierreihe bezüglich $\{\varphi_\nu(x)\}$.

Wir beleuchten nun eine interessante Eigenschaft dieser c_ν. Dazu stellen wir zunächst die Frage, wie man eine Funktion $f(x)$ der in Definition 5.3 genannten Art mit den ersten $n + 1$ Funktionen eines ONS, und zwar durch eine Summe

$$\sigma_n(x) = \sum_{\nu=0}^{n} d_\nu\varphi_\nu(x), \quad n \text{ fest}, \tag{5.77}$$

möglichst gut approximieren kann. Als Maß für die Güte der Approximation verwenden wir den mittleren quadratischen Fehler δ_n zwischen $f(x)$ und $\sigma_n(x)$, der durch

$$\delta_n = \|f - \sigma_n\|^2 = \int_a^b ((f(x) - \sigma_n(x))^2\,\mathrm{d}x \tag{5.78}$$

definiert ist. Eine Approximation mit dieser Forderung nennt man Approximation im quadratischen Mittel. Offenbar muß, damit δ_n möglichst klein ausfällt, der Betrag $|f(x) - \sigma_n(x)|$ im gesamten Intervall $[a, b]$ klein sein (oder er darf höchstens in sehr kleinen Teilintervallen große Werte annehmen), so daß δ_n tatsächlich ein Maß für die Approximationsgüte ist. Nun gilt folgender

S. 5.6 **Satz 5.6:** *Der mittlere quadratische Fehler δ_n nimmt sein Minimum an, wenn die Koeffizienten d_ν in (5.77) gleich den Fourierkoeffizienten $c_0, c_1, \dots, c_n$ (siehe (5.76)) sind.*

Mit anderen Worten heißt das, daß die beste Approximation erhalten wird, wenn (5.77) als n-te Teilsumme der Fourierreihe von $f(x)$ bezüglich $\{\varphi_\nu(x)\}$ gewählt wird.

Beweis zu Satz 5.6: Aus (5.78) folgt

$$\delta_n = \int_a^b f^2(x)\,\mathrm{d}x - 2\int_a^b f(x)\,\sigma_n(x)\,\mathrm{d}x + \int_a^b \sigma_n^2(x)\,\mathrm{d}x. \tag{5.79}$$

Wegen (5.76), 5.2.2. sowie (5.73), (5.74) ist

$$\int\limits_a^b f(x)\,\sigma_n(x)\,\mathrm{d}x = \sum_{\nu=0}^n d_\nu \int\limits_a^b f(x)\,\varphi_\nu(x)\,\mathrm{d}x = \sum_{\nu=0}^n c_\nu d_\nu,$$

$$\int\limits_a^b \sigma_n^2(x)\,\mathrm{d}x = \sum_{\nu=0}^n d_\nu^2 \int\limits_a^b \varphi_\nu^2(x)\,\mathrm{d}x + \sum_{\substack{\mu,\nu=0 \\ \mu \neq \nu}}^n d_\mu d_\nu \varphi_\mu(x)\,\varphi_\nu(x) = \sum_{\nu=0}^n d_\nu^2,$$

so daß (5.79) in

$$\delta_n = \|f\|^2 - 2\sum_{\nu=0}^n c_\nu d_\nu + \sum_{\nu=0}^n d_\nu^2 = \|f\|^2 - \sum_{\nu=0}^n c_\nu^2 + \sum_{\nu=0}^n (c_\nu - d_\nu)^2 \qquad (5.80)$$

übergeht. Somit wird δ_n am kleinsten, wenn die letzte Summe verschwindet, d. h. wenn $d_\nu = c_\nu$ gilt, was zu beweisen war. ∎

Aus (5.80) entnimmt man $\sum_{\nu=0}^n c_\nu^2 \leqq \|f\|^2$, und da das für jedes n richtig ist,

$$\sum_{\nu=0}^\infty c_\nu^2 \leqq \|f\|^2. \qquad (5.81)$$

(5.81) heißt Besselsche Ungleichung. Aus ihr folgt insbesondere die Konvergenz der Reihe $\sum_{\nu=0}^\infty c_\nu^2$ und daher $\lim_{\nu \to \infty} c_\nu = 0$. Wenn in (5.81) sogar das Gleichheitszeichen steht,

$$\sum_{\nu=0}^\infty c_\nu^2 = \|f\|^2, \qquad (5.82)$$

heißt das ONS der $\{\varphi_\nu(x)\}$ vollständig, und (5.82) heißt Vollständigkeitsrelation oder Parsevalsche Gleichung. Sie besagt wegen (5.80), daß $\lim_{n \to \infty} \delta_n = 0$ für $d_\nu = c_\nu$ oder

$$\lim_{n \to \infty} \int\limits_a^b \left(f(x) - \sum_{\nu=0}^n c_\nu \varphi_\nu(x) \right)^2 \mathrm{d}x = 0 \qquad (5.83)$$

gilt. In diesem Fall sagt man, daß die Fourierreihe von $f(x)$ bezüglich $\{\varphi_\nu(x)\}$ in $[a, b]$ im quadratischen Mittel gegen $f(x)$ konvergiert.

Wenden wir die Ergebnisse auf das spezielle ONS (5.75) an, so folgt aus (5.76)

$$c_0 = \frac{1}{\sqrt{2\pi}} \int\limits_{-\pi}^\pi f(x)\,\mathrm{d}x = \sqrt{\frac{\pi}{2}}\, a_0, \quad c_{\nu 1} = \sqrt{\pi}\, a_\nu, \quad c_{\nu 2} = \sqrt{\pi}\, b_\nu, \qquad (5.84)$$

a_ν, b_ν nach (5.19). Die trigonometrische Summe

$$\frac{\alpha_0}{2} + \sum_{\nu=1}^n (\alpha_\nu \cos \nu x + \beta_\nu \sin \nu x)$$

ist nach Satz 5.6 beste Approximation für eine Funktion $f(x)$ in $[-\pi, \pi]$ im Sinne des quadratischen Mittels, wenn $\alpha_\nu = a_\nu, \beta_\nu = b_\nu$ gilt. Ferner ist $\lim_{\nu \to \infty} a_\nu = \lim_{\nu \to \infty} b_\nu = 0$.

Ohne Beweis sei mitgeteilt, daß das ONS (5.75) vollständig ist. Daher konvergiert die gewöhnliche Fourierreihe einer quadratisch integrierbaren Funktion $f(x)$ in

$[-\pi, \pi]$ im quadratischen Mittel gegen $f(x)$, und die Gleichung (5.82) besagt wegen (5.84)

$$\frac{a_0^2}{2} + \sum_{\nu=1}^{\infty} (a_\nu^2 + b_\nu^2) = \frac{1}{\pi} \int\limits_{-\pi}^{\pi} f^2(x)\, dx. \tag{5.85}$$

Aufgaben:

* *Aufgabe 5.1:* Entwickeln Sie die Funktion

$$f(x) = \begin{cases} 0 & \text{für} \quad -\pi < x \leqq 0 \\ \dfrac{x}{\pi} & \text{für} \quad 0 \leqq x < \pi \end{cases}$$

in eine Fourierreihe (machen Sie sich anhand einer Skizze den Verlauf der periodischen Fortsetzung klar)!

* *Aufgabe 5.2:* Die Funktion $f(x) = |\sin x|$, $-\pi \leqq x \leqq \pi$, soll in eine Fourierreihe entwickelt werden (Skizze!). Welche Ergebnisse kann man aus der Reihe für $x = 0$ bzw. für $x = \dfrac{\pi}{2}$ entnehmen?

* *Aufgabe 5.3:* Entwickeln Sie die Funktion $f(x) = \pi x - x^2$, $0 \leqq x \leqq \pi$, in eine reine Sinusreihe! Begründen Sie die Größenordnung der auftretenden Fourierkoeffizienten!

* *Aufgabe 5.4:* $f(x)$ sei die mit 2π periodische Funktion, deren Verlauf in Bild 5.13 wiedergegeben ist. Geben Sie die Fourierreihe von $f(x)$ an!

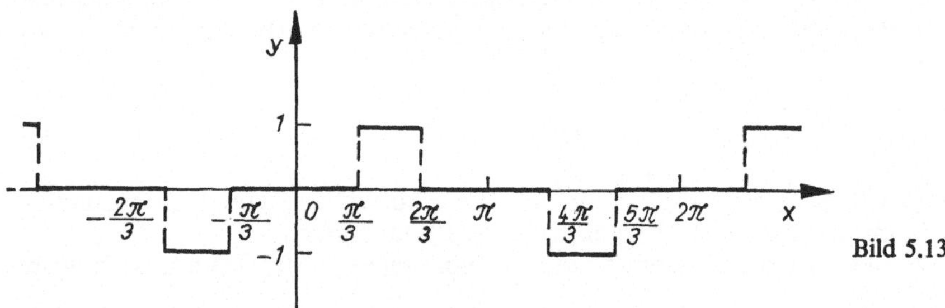

Bild 5.13

* *Aufgabe 5.5:* Entwickeln Sie die Funktion $f(x) = 3 - x$, $-2 < x \leqq 2$, $f(x + 4k)$ $= f(x)$ $(k = \pm 1, \pm 2, \ldots)$ in eine Fourierreihe! Skizzieren Sie im Intervall $-2 < x \leqq 2$ die Bilder der Teilsummen $s_1(x)$, $s_2(x)$, $s_3(x)$!

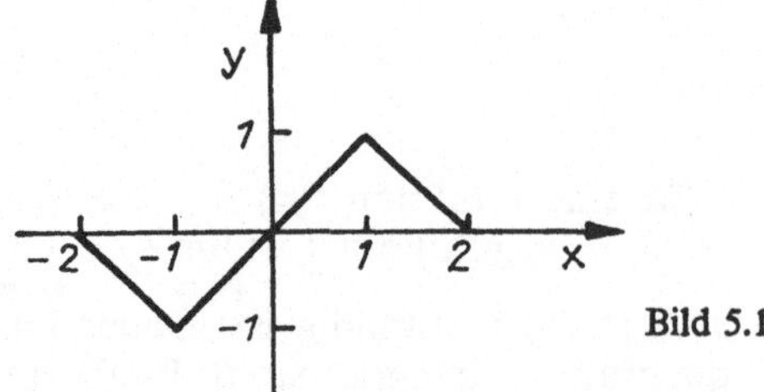

Bild 5.14

Aufgabe 5.6: Die Funktion $f(x)$ habe im Intervall $[-2, 2]$ den in Bild 5.14 skizzierten ∗
Verlauf und sei periodisch mit der Periode 4. Bestimmen Sie die Fourierreihe der
Funktion $f(x)$! Begründen Sie, warum in diesem Beispiel $b_\nu = 0$ für alle geraden ν,

$$b_\nu = 2 \int_0^1 f(x) \sin \nu \frac{\pi}{2} x \, dx \text{ für alle ungeraden } \nu \text{ gilt!}$$

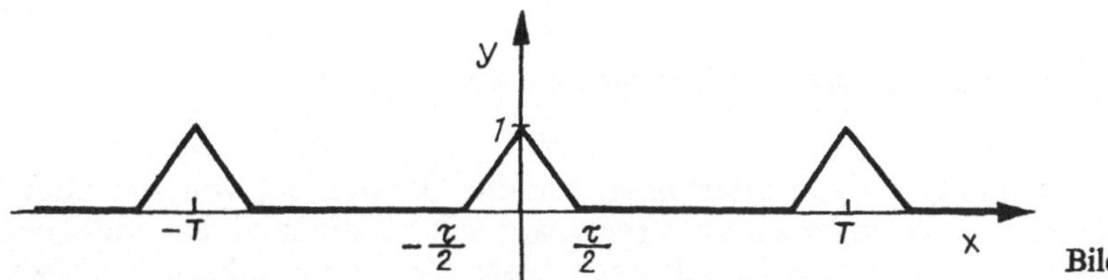

Bild 5.15

Aufgabe 5.7: Das Bild der Funktion $f(t)$ bestehe aus einer Folge sich periodisch ∗
wiederholender Dreiecksimpulse der Höhe 1 und der Dauer τ, die Periodenlänge sei
T (siehe Bild 5.15). Stellen Sie die Fourierentwicklung von $f(t)$ auf!

6. Fourierintegrale

6.1. Das Fouriersche Integraltheorem

6.1.1. Übergang von der Fourierreihe zum Fourierintegral

Die Verwendung von Fourierreihen für die Darstellung von Funktionen ist auf periodische Funktionen beschränkt (bzw. auf solche, die in einem endlichen Intervall definiert sind, die man sich jedoch über dieses hinaus periodisch fortgesetzt denken kann). Im folgenden wird angedeutet, wie man durch Verallgemeinerung der Ergebnisse über Fourierreihen zu einer Darstellung einer in einem unendlichen Intervall definierten, nicht-periodischen Funktion gelangt. Hierbei tritt an die Stelle der Reihe ein Integral, das man Fourierintegral nennt.

Es sei $f(x)$ eine Funktion, die a) in jedem endlichen Intervall $\left[-\dfrac{T}{2}, \dfrac{T}{2}\right]$ die Dirichletschen Bedingungen erfüllt und b) über $(-\infty, \infty)$ absolut konvergiert (d. h., daß $\int\limits_{-\infty}^{\infty} |f(x)|\,\mathrm{d}x$ existiert). Betrachten wir $f(x)$ zunächst in $\left[-\dfrac{T}{2}, \dfrac{T}{2}\right]$, so stellt die Fourierreihe (5.30) – mit x statt t – an den Stetigkeitsstellen dieses Intervalls die Funktion $f(x)$ dar. Es gilt dort also, wenn die a_ν, b_ν gemäß (5.31) eingesetzt werden und anschließend das Additionstheorem der Kosinusfunktion benutzt wird,

$$f(x) = \frac{1}{T} \int\limits_{-\frac{T}{2}}^{\frac{T}{2}} f(t)\,\mathrm{d}t + \frac{2}{T} \sum_{\nu=1}^{\infty} \int\limits_{-\frac{T}{2}}^{\frac{T}{2}} f(t)\,(\cos \nu\omega t \cos \nu\omega x + \sin \nu\omega t \sin \nu\omega x)\,\mathrm{d}t,$$

$$f(x) = \frac{1}{T} \int\limits_{-\frac{T}{2}}^{\frac{T}{2}} f(t)\,\mathrm{d}t + \frac{2}{T} \sum_{\nu=1}^{\infty} \int\limits_{-\frac{T}{2}}^{\frac{T}{2}} f(t) \cos \nu\omega(t - x)\,\mathrm{d}t. \tag{6.1}$$

Zu der gewünschten Darstellung gelangt man durch Grenzübergang $T \to \infty$. Dann strebt der erste Summand von (6.1) gegen 0, weil

$$\left| \frac{1}{T} \int\limits_{-\frac{T}{2}}^{\frac{T}{2}} f(t)\,\mathrm{d}t \right| \leq \frac{1}{T} \int\limits_{-\frac{T}{2}}^{\frac{T}{2}} |f(t)|\,\mathrm{d}t \leq \frac{1}{T} \int\limits_{-\infty}^{\infty} |f(t)|\,\mathrm{d}t$$

gilt und das letzte Integral nach Voraussetzung b) konvergiert. Setzen wir im zweiten Summanden

$$\omega_\nu = \frac{2\pi\nu}{T}, \quad \Delta\omega_\nu = \omega_{\nu+1} - \omega_\nu = \frac{2\pi}{T}(\nu + 1 - \nu) = \frac{2\pi}{T},$$

so wird

$$\frac{2}{T} \sum_{\nu=1}^{\infty} \int_{-\frac{T}{2}}^{\frac{T}{2}} f(t) \cos \nu\omega(t - x)\, dx = \frac{1}{\pi} \sum_{\nu=1}^{\infty} \left(\int_{-\frac{T}{2}}^{\frac{T}{2}} f(t) \cos \omega_\nu(t - x)\, dt \right) \cdot \Delta\omega_\nu. \tag{6.2}$$

Jede Teilsumme der hierdurch erhaltenen Reihe von der Form $\sum\limits_{\nu=1}^{\infty} g(\omega_\nu)\, \Delta\omega_\nu$ kann als Riemannsche Summe zum bestimmten Integral über $g(\omega)$ zwischen 0 und einer gewissen (mit $\nu \to \infty$ unbeschränkt wachsenden) oberen Grenze aufgefaßt werden und die Reihensumme selbst als Näherungswert für das uneigentliche Integral $\int\limits_0^{\infty} g(\omega)\, d\omega$.

Wenn die rechte Seite von (6.2) für $T \to \infty$ und somit $\Delta\omega_\nu \to 0$ einen Grenzwert besitzt, kann man vermuten, daß die Summe in das uneigentliche Integral bezüglich ω mit den Grenzen 0 und ∞ übergeht, wobei zugleich die Grenzen des inneren Integrals $-\infty$ und ∞ werden. Der folgende Satz bestätigt die Richtigkeit dieser Betrachtungen.

Satz 6.1 (*Fouriersches Integraltheorem*): *Eine Funktion $f(x)$ möge über $(-\infty, \infty)$ abso-* **S. 6.1** *lut integrierbar sein und in jedem endlichen Intervall die Dirichletschen Bedingungen erfüllen. Dann gilt für alle x die Beziehung*

$$\frac{1}{2}(f(x + 0) + f(x - 0)) = \frac{1}{\pi} \int_0^{\infty} \int_{-\infty}^{\infty} f(t) \cos \omega(t - x)\, dt\, d\omega. \tag{6.3}$$

An jeder Stetigkeitsstelle von $f(x)$ steht auf der linken Seite $f(x)$. (6.3) gibt dann (vom Faktor $1/\pi$ abgesehen) eine Darstellung für $f(x)$ durch ein Integral; dieses heißt Fourierintegral.

Unter Berücksichtigung des Additionstheorems für die Kosinusfunktion kann man für (6.3)

$$f(x) = \int_0^{\infty} (a(\omega) \cos \omega x + b(\omega) \sin \omega x)\, d\omega, \tag{6.4}$$

$$a(\omega) = \frac{1}{\pi} \int_{-\infty}^{\infty} f(t) \cos \omega t\, dt, \qquad b(\omega) = \frac{1}{\pi} \int_{-\infty}^{\infty} f(t) \sin \omega t\, dt \tag{6.5}$$

schreiben. Die Darstellung (6.4) erinnert von der Form her an die Fourierreihe (anstelle des Summenzeichens steht hier ein Integral), und die Funktionen (6.5) ähneln den Fourierkoeffizienten (anstelle des Index ν steht der kontinuierliche Parameter ω).

Das erhaltene Resultat läßt sich physikalisch wie folgt interpretieren. Während eine periodische Funktion, die die Dirichletschen Bedingungen erfüllt, ein diskretes Frequenzspektrum besitzt, d. h. sich als unendliche Reihe von reinen Sinusschwingungen mit diskreten Frequenzen darstellen läßt, ist eine nichtperiodische Funktion unter den Voraussetzungen des Satzes 6.1 als Integral über Sinusschwingungen mit stetig veränderlicher Frequenz ω darstellbar (kontinuierliches Frequenzspektrum). An die Stelle der Fourierkoeffizienten a_ν, b_ν, die im diskreten Fall die Amplitude der Harmonischen mit der Kreisfrequenz $\nu\omega$ bestimmen (siehe 5.1), treten im kontinuierlichen Fall die Funktionen $a(\omega)$, $b(\omega)$, die man Amplitudendichten nennt. Bei einem kontinuierlichen Frequenzspektrum kommt nämlich einer einzelnen Frequenz die Amplitude 0 zu, und die Amplitudenverteilung über einzelne Frequenzintervalle ist durch die Amplitudendichten bestimmt. Der Anteil der in $f(x)$ enthaltenen reinen Sinusschwingungen mit Frequenzen aus dem Frequenzintervall $[\omega_0, \omega_0 + \Delta\omega]$ ergibt sich aus der Näherungssumme für das Integral auf der rechten Seite von (6.4) angenähert zu $(a(\omega_0)\cos\omega_0 x + b(\omega_0)\sin\omega_0 x)\,\Delta\omega$, und zwar um so genauer, je kleiner $\Delta\omega$ ist; die Amplitude dieser Schwingung ist $\sqrt{a^2(\omega_0) + b^2(\omega_0)}\,\Delta\omega$.

Beispiel 6.1: Die Funktion

$$f(x) = \begin{cases} e^{-ax}, & a > 0, \text{ für } x > 0, \\ 0 & \text{für } x < 0 \end{cases}$$

ist für alle $x \neq 0$ stetig und erfüllt offenbar in jedem endlichen Intervall die Dirichletschen Bedingungen; sie ist ferner über $(-\infty, \infty)$ absolut integrierbar:

$$\int\limits_{-\infty}^{\infty} |f(x)|\,dx = \int\limits_{0}^{\infty} e^{-ax}\,dx = \left[-\frac{1}{a}e^{-ax}\right]_0^\infty = \frac{1}{a}.$$

Satz 6.1 ist also anwendbar. Für das innere Integral in (6.3) ergibt sich

$$\int\limits_{-\infty}^{\infty} f(t)\cos\omega(t-x)\,dt = \int\limits_{0}^{\infty} e^{-at}\cos\omega(t-x)\,dt$$

$$= \left[\frac{1}{\omega}e^{-at}\sin\omega(t-x)\right]_0^\infty + \frac{a}{\omega}\int\limits_{0}^{\infty} e^{-at}\sin\omega(t-x)\,dt$$

$$= -\frac{1}{\omega}\sin(-\omega x) + \frac{a}{\omega}\left[-\frac{1}{\omega}e^{-at}\cos\omega(t-x)\right]_0^\infty - \frac{a^2}{\omega^2}\int\limits_{0}^{\infty} e^{-at}\cos\omega(t-x)\,dt,$$

woraus

$$\int\limits_{0}^{\infty} e^{-at}\cos\omega(t-x)\,dt = \frac{\omega^2}{a^2+\omega^2}\left(\frac{\sin\omega x}{\omega} + \frac{a}{\omega^2}\cos\omega x\right)$$

$$= \frac{\omega\sin\omega x + a\cos\omega x}{a^2+\omega^2}$$

folgt. Somit lautet die Darstellung von $f(x)$ durch ein Fourierintegral:

$$f(x) = \frac{1}{\pi}\int\limits_{0}^{\infty} \frac{\omega\sin\omega x + a\cos\omega x}{a^2+\omega^2}\,d\omega, \tag{6.6}$$

$x \neq 0$. Für $x = 0$ aber hat die rechte Seite nach Satz 6.1 den Wert $\frac{1}{2}$, was sich durch unmittelbares Ausrechnen sofort bestätigen läßt.

6.1.2. Kosinus- und Sinusform des Fourierschen Integraltheorems

Wie bei den Fourierreihen die Fourierkoeffizienten, so spezialisieren sich bei Fourierintegralen die Funktionen $a(\omega)$ und $b(\omega)$ in (6.5), wenn $f(x)$ eine gerade bzw. ungerade Funktion ist. Für gerade Funktionen $f(x)$ ergibt sich aus (6.5) bzw. (6.3) für die Stetigkeitsstellen x von $f(x)$

$$b(\omega) = 0, \qquad a(\omega) = \frac{2}{\pi} \int_0^\infty f(t) \cos \omega t \, dt, \tag{6.7}$$

$$f(x) = \frac{2}{\pi} \int_0^\infty \cos \omega x \left(\int_0^\infty f(t) \cos \omega t \, dt \right) d\omega, \tag{6.8}$$

für ungerade Funktionen $f(x)$

$$a(\omega) = 0, \qquad b(\omega) = \frac{2}{\pi} \int_0^\infty f(t) \sin \omega t \, dt, \tag{6.9}$$

$$f(x) = \frac{2}{\pi} \int_0^\infty \sin \omega x \left(\int_0^\infty f(t) \sin \omega t \, dt \right) d\omega. \tag{6.10}$$

(6.8) bzw. (6.10) nennt man die Kosinus- bzw. Sinusform des Fourierschen Integraltheorems.

Insbesondere kann man eine für $0 \leq x < \infty$ definierte Funktion $f(x)$, die dort den Voraussetzungen von Satz 6.1 genügt, an ihren Stetigkeitsstellen mit Hilfe von (6.8) bzw. (6.10) als Integral darstellen. Dabei kann man sich $f(x)$ für negative x durch $f(x) = f(-x)$ bzw. $f(x) = -f(-x)$ definiert denken. In $x = 0$ ist $f(x)$ bei gerader Fortsetzung immer stetig, bei ungerader genau dann, wenn $f(0) = 0$ gilt.

Beispiel 6.2: Für die stetige Funktion $f(x) = e^{-ax}$, $0 \leq x < \infty$ $(a > 0)$, ergeben sich wegen

$$\int_0^\infty e^{-at} \cos \omega t \, dt = \frac{a}{a^2 + \omega^2}, \qquad \int_0^\infty e^{-at} \sin \omega t \, dt = \frac{\omega}{a^2 + \omega^2}$$

(vgl. Beispiel 6.1) aus (6.8) bzw. (6.10) die Darstellungen

$$e^{-ax} = \frac{2a}{\pi} \int_0^\infty \frac{\cos \omega x}{a^2 + \omega^2} \, d\omega, \quad 0 \leq x < \infty, \tag{6.11}$$

$$e^{-ax} = \frac{2}{\pi} \int_0^\infty \frac{\omega \sin \omega x}{a^2 + \omega^2} \, d\omega, \quad 0 < x < \infty. \tag{6.12}$$

Die rechte Seite von (6.11) stellt für alle x die Funktion $e^{-a|x|}$ dar, die rechte Seite von (6.12) stellt für $x < 0$ die Funktion $-e^{-ax}$ dar und verschwindet für $x = 0$.

6.2. Die komplexe Form des Fourierintegrals

Wir bemerken zunächst, daß das innere Integral in (6.3) eine bezüglich ω gerade Funktion $g(x, \omega)$ ist. Daher darf im Argument des Kosinus auch $\omega(x - t)$ geschrieben

8*

werden, außerdem gilt

$$\int\limits_{0}^{\infty} g(x, \omega)\, d\omega = \frac{1}{2} \int\limits_{-\infty}^{\infty} g(x, \omega)\, d\omega,$$

und es folgt aus (6.3) an den Stetigkeitsstellen von $f(x)$

$$f(x) = \frac{1}{2\pi} \int\limits_{-\infty}^{\infty} \int\limits_{-\infty}^{\infty} f(t) \cos \omega(x - t)\, dt\, d\omega. \tag{6.13}$$

Wenn $f(x)$ über $(-\infty, \infty)$ absolut integrierbar ist, existiert auch das Integral $\int\limits_{-\infty}^{\infty} f(t) \sin \omega(x - t)\, dt$ und ist eine stetige, offenbar ungerade Funktion bezüglich ω.

Daher gilt

$$\int\limits_{-\frac{l}{2}}^{\frac{l}{2}} \int\limits_{-\infty}^{\infty} f(t) \sin \omega(x - t)\, dt\, d\omega = 0 \quad \text{für jedes } l > 0,$$

und folglich existiert auch der Grenzwert der linken Seite für $l \to \infty$ und ist gleich 0. Somit haben wir, wenn wir noch durch 2π dividieren,

$$\frac{1}{2\pi} \int\limits_{-\infty}^{\infty} \int\limits_{-\infty}^{\infty} f(t) \sin \omega(x - t)\, dt\, d\omega = 0; \tag{6.14}$$

dabei ist wegen der Art des Grenzübergangs das Integral bezüglich ω hier wie im folgenden als Cauchyscher Hauptwert aufzufassen, ohne daß wir das durch eine besondere Bezeichnung zum Ausdruck bringen (siehe Band 2, 11.1.2.). Unter den Voraussetzungen von Satz 6.1 wird im allgemeinen dieses Integral nicht als uneigentliches Integral existieren.

Durch Addition von (6.13) und der mit i multiplizierten Gleichung (6.14) ergibt sich

$$f(x) = \frac{1}{2\pi} \int\limits_{-\infty}^{\infty} \int\limits_{-\infty}^{\infty} e^{i\omega(x-t)} f(t)\, dt\, d\omega. \tag{6.15}$$

Diese Beziehung gilt unter den Voraussetzungen von Satz 6.1 für jede Stetigkeitsstelle von $f(x)$. Das äußere Integral in (6.15) ist die komplexe Form des Fourierintegrals.

Beispiel 6.3: Für die in Beispiel 6.1 betrachtete Funktion

$$f(x) = \begin{cases} e^{-ax} & \text{für } x > 0, \\ 0 & \text{für } x < 0, \end{cases} \quad a > 0,$$

erhält man aus (6.15) wegen

$$\int\limits_{-\infty}^{\infty} e^{i\omega(x-t)} f(t)\, dt = e^{i\omega x} \int\limits_{0}^{\infty} e^{-(a+i\omega)t}\, dt = \frac{e^{i\omega x}}{a + i\omega}$$

folgende Darstellung durch ein komplexes Fourierintegral:

$$f(x) = \frac{1}{2\pi} \int_{-\infty}^{\infty} \frac{e^{i\omega x}}{a + i\omega}\, dx. \tag{6.16}$$

Wenn man den Integranden in Real- und Imaginärteil zerlegt, ergibt sich wieder (6.6).

6.3. Die Fourier-Transformation

6.3.1. Definition der Fourier-Transformation

Gleichung (6.15) kann auch in der Form

$$f(x) = \frac{1}{2\pi} \int_{-\infty}^{\infty} e^{ix\omega} \left(\int_{-\infty}^{\infty} e^{-i\omega t} f(t)\, dt \right) d\omega \tag{6.17}$$

geschrieben werden. Das in der Klammer stehende Integral ist eine Funktion allein von ω, die wir mit $F(\omega)$ bezeichnen wollen. Wir haben also

$$F(\omega) = \int_{-\infty}^{\infty} e^{-i\omega x} f(x)\, dx, \tag{6.18}$$

und aus (6.17) folgt

$$f(x) = \frac{1}{2\pi} \int_{-\infty}^{\infty} e^{ix\omega} F(\omega)\, d\omega. \tag{6.19}$$

Das Integral in (6.18) existiert sicher dann, wenn $f(x)$ über $(-\infty, \infty)$ absolut integrierbar ist. Unter dieser Voraussetzung ordnet (6.18) der Funktion $f(x)$ eindeutig die Funktion $F(\omega)$ zu. Umgekehrt erhält man aus $F(\omega)$, wenn die Voraussetzungen von Satz 6.1 erfüllt sind, mit Hilfe von (6.19) wieder $f(x)$, allerdings nur an den Stetigkeitsstellen (an einer Sprungstelle von $f(x)$ ist die rechte Seite von (6.19) gleich $\frac{1}{2}(f(x + 0) + f(x - 0))$).

Definition 6.1: *Die durch (6.18) gegebene Zuordnung von $F(\omega)$ zu $f(x)$ heißt Fourier-Transformation, und $F(\omega)$ heißt die Fourier-Transformierte von $f(x)$. (6.19) nennt man Umkehrformel zur Fourier-Transformation, die durch sie bestimmte Zuordnung Rücktransformation zur Fourier-Transformation und $f(x)$ eine inverse Fourier-Transformierte zu $F(\omega)$. Man schreibt auch*   **D. 6.1**

$$F(\omega) = \mathfrak{F}\{f(x)\}, \qquad f(x) = \mathfrak{F}^{-1}\{F(\omega)\} \tag{6.20}$$

anstelle von (6.18), (6.19).

Aus der Definition geht hervor, daß zwei Funktionen, die sich nur an endlich vielen Stellen voneinander unterscheiden, die gleiche Fourier-Transformierte besitzen. Wenn unter allen Funktionen mit der gleichen Fourier-Transformierten $F(\omega)$ eine stetige

Funktion $f(x)$ existiert, so ergibt sich bei Anwendung der Umkehrformel (6.19) auf $F(\omega)$ diese Funktion $f(x)$. Es gibt Tabellenwerke, in denen eine Vielzahl zusammengehöriger Paare von Funktionen $f(t)$, $F(\omega)$ verzeichnet ist (s. z. B. [1]).

In der Elektrotechnik nennt man die Fourier-Transformierte $F(\omega)$ von $f(x)$ Frequenz- oder Spektralfunktion (exakt auch Spektraldichtefunktion) von $f(x)$. Der Zusammenhang zwischen $F(\omega)$ und den in (6.5) eingeführten Amplitudendichten $a(\omega)$, $b(\omega)$ ergibt sich mit Hilfe der Eulerschen Formel zu

$$F(\omega) = \int\limits_{-\infty}^{\infty} f(x) \cos \omega x \, \mathrm{d}x - \mathrm{i} \int\limits_{-\infty}^{\infty} f(x) \sin \omega x \, \mathrm{d}x = \pi(a(\omega) - \mathrm{i}b(\omega)). \quad (6.21)$$

Die rechte Seite von (6.19) kann man, wie die von (6.4), als Superposition von – jetzt komplexen – harmonischen Schwingungen $\mathrm{e}^{\mathrm{i}x\omega}$ auffassen, wobei alle reellen ω als Frequenzen auftreten; die entsprechende Darstellung für periodische Funktionen $f(x)$ der Periode 2π ist die durch ihre Fourierreihe in komplexer Form, $f(x) = \sum\limits_{\nu=-\infty}^{\infty} c_\nu \, \mathrm{e}^{\mathrm{i}\nu x}$, in der nur diskrete Frequenzen enthalten sind. Setzt man noch

$$S(\omega) = \frac{1}{2\pi} F(\omega) = \frac{1}{2} (a(\omega) - \mathrm{i}b(\omega)), \qquad (6.22)$$

so geht (6.19) über in

$$f(x) = \int\limits_{-\infty}^{\infty} \mathrm{e}^{\mathrm{i}x\omega} S(\omega) \, \mathrm{d}\omega. \qquad (6.23)$$

Zu der komplexen harmonischen Schwingung mit der Frequenz ω gehört jetzt der „infinitesimale" Faktor $S(\omega) \, \mathrm{d}\omega$, weshalb man $S(\omega)$ auch komplexe Amplitudendichte nennt. Die (reelle) Funktion $|S(\omega)| = \frac{1}{2} \sqrt{a^2(\omega) + b^2(\omega)}$ heißt – wie $a(\omega)$ und $b(\omega)$ – Amplitudendichtefunktion; es findet sich auch hier wie für $|F(\omega)| = 2\pi|S(\omega)|$ die Benennung Amplitudenspektrum.

Die Bedeutung der Fourier-Transformation für die Elektrotechnik besteht darin, daß gewisse Eigenschaften eines durch eine zeitabhängige Funktion $f(t)$ – kurz Zeitfunktion genannt – gegebenen Signals besser an der zugehörigen Frequenzfunktion $F(\omega)$ untersucht werden können als direkt an $f(t)$. Dabei erweist es sich als bedeutsam, daß neben den in den erwähnten Tabellenwerken enthaltenen speziellen Zuordnungen eine Anzahl allgemeiner Regeln für das Rechnen mit Fourier-Transformierten zur Verfügung steht (siehe hierzu Band 10).

Beispiel 6.4: Aus Beispiel 6.3 entnehmen wir, daß die Fourier-Transformierte der Funktion $f(x) = \begin{cases} \mathrm{e}^{-ax} & \text{für } x > 0 \\ 0 & \text{für } x < 0 \end{cases}$, $a > 0$, die Funktion $F(\omega) = \dfrac{1}{a + \mathrm{i}\omega}$ ist.

Beispiel 6.5: Es sei $f(x) = \begin{cases} 1 & \text{für } |x| < a \\ 0 & \text{für } |x| > a \end{cases}$, $a > 0$ (Rechteckimpuls). Dann berechnet sich die Fourier-Transformierte von $f(x)$ nach (6.18) zu

$$F(\omega) = \int\limits_{-a}^{a} \mathrm{e}^{-\mathrm{i}\omega x} 1 \, \mathrm{d}x = -\frac{1}{\mathrm{i}\omega} [\mathrm{e}^{-\mathrm{i}\omega x}]_{-a}^{a} = -\frac{2}{\omega} \frac{\mathrm{e}^{-\mathrm{i}\omega a} - \mathrm{e}^{\mathrm{i}\omega a}}{2\mathrm{i}}.$$

Wenn man noch die Eulersche Formel oder die zweite der Beziehungen (5.47) verwendet, hat man als Fourier-Transformierte von $f(x)$

$$F(\omega) = \frac{2 \sin a\omega}{\omega}.\tag{6.24}$$

6.3.2. Die Fouriersche Kosinus- und Sinustransformation

Man kommt zu zwei weiteren Integraltransformationen, wenn man von der Kosinusform (6.8) bzw. Sinusform (6.10) des Fourierschen Integraltheorems ausgeht. Nehmen wir in (6.8) den Faktor $\sqrt{\dfrac{2}{\pi}}$ in die innere Klammer hinein,

$$f(x) = \sqrt{\frac{2}{\pi}} \int\limits_0^\infty \cos \omega x \left(\sqrt{\frac{2}{\pi}} \int\limits_0^\infty f(t) \cos \omega t \, dt \right) d\omega,\tag{6.25}$$

und bezeichnen die Klammer in (6.25) mit $F_c(\omega)$, so erhalten wir ein den Beziehungen (6.18) und (6.19) entsprechendes Gleichungspaar, nämlich

$$F_c(\omega) = \sqrt{\frac{2}{\pi}} \int\limits_0^\infty f(x) \cos \omega x \, dx, \quad f(x) = \sqrt{\frac{2}{\pi}} \int\limits_0^\infty F_c(\omega) \cos \omega x \, d\omega.\tag{6.26}$$

Die durch die erste Gleichung (6.26) definierte eindeutige Zuordnung von $F_c(\omega)$ zu $f(x)$ heißt Fouriersche Kosinustransformation; durch die andere ist die Rücktransformation bestimmt. Wenn $f(x)$ für $x \geqq 0$ definiert ist und dort die Voraussetzungen von Satz 6.1 erfüllt, existiert $F_c(\omega)$ für beliebiges ω, und die zweite Gleichung (6.26) liefert für $x \geqq 0$ wieder $f(x)$, wenn diese Funktion stetig ist. Offenbar ist von den Funktionen $f(x)$ und $F_c(\omega)$ eine die Kosinustransformierte der anderen.

Wenn man von (6.10) ausgeht, erhält man entsprechend, sofern $f(x)$ für $x > 0$ definiert ist und dort die Voraussetzungen von Satz 6.1 erfüllt, das Paar

$$F_s(\omega) = \sqrt{\frac{2}{\pi}} \int\limits_0^\infty f(x) \sin \omega x \, dx, \quad f(x) = \sqrt{\frac{2}{\pi}} \int\limits_0^\infty F_s(\omega) \sin \omega x \, d\omega\tag{6.27}$$

($x > 0$). Die Zuordnung (6.27) heißt Fouriersche Sinustransformation. Aus (6.18) folgt nach der Eulerschen Formel, wenn $f(x)$ eine gerade bzw. ungerade Funktion ist,

$$F(\omega) = 2\sqrt{\frac{\pi}{2}}\, F_c(\omega) \quad \text{bzw.} \quad F(\omega) = -2\mathrm{i}\sqrt{\frac{\pi}{2}}\, F_s(\omega).\tag{6.28}$$

Beispiel 6.6: Aus Beispiel 6.2 erhält man für $f(x) = \mathrm{e}^{-ax}$, $0 \leqq x < \infty$, $a > 0$, die Fouriersche Kosinus- bzw. Sinustransformierte

$$F_c(\omega) = \sqrt{\frac{2}{\pi}}\, \frac{a}{a^2 + \omega^2}, \qquad F_s(\omega) = \sqrt{\frac{2}{\pi}}\, \frac{\omega}{a^2 + \omega^2}.$$

Nach (6.28) wird daher die Fouriertransformierte von $f(x) = \mathrm{e}^{-a|x|}$ gleich

$$F(\omega) = \frac{2a}{a^2 + \omega^2}.$$

Aufgaben:

* *Aufgabe 6.1:* $f(x)$ sei ein Dreiecksimpuls gemäß Bild 6.1. Es sollen $F_c(\omega)$ und $F(\omega)$ bestimmt werden.

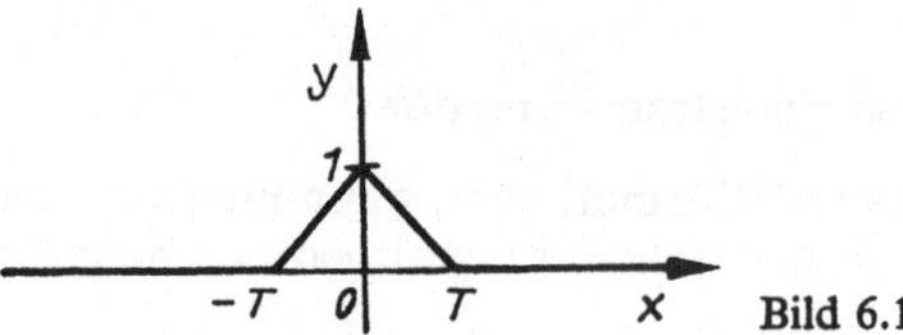

Bild 6.1

* *Aufgabe 6.2:* $f(x)$ sei ein Doppelrechteckimpuls gemäß Bild 6.2. Es sollen $F_s(\omega)$ und $F(\omega)$ bestimmt werden.

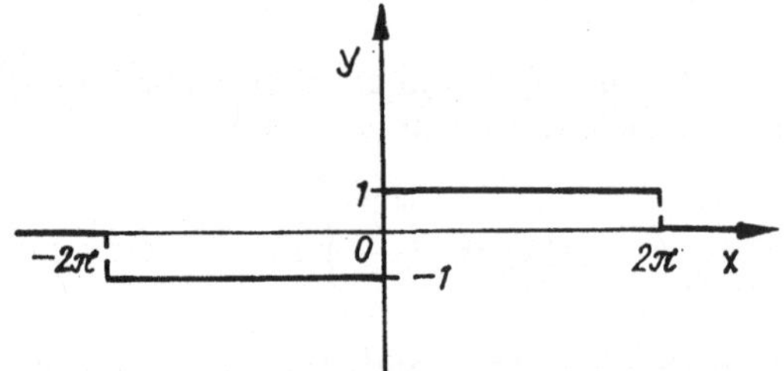

Bild 6.2

* *Aufgabe 6.3:* Die Fourier-Transformierte der Funktion $f(x) = e^{-ax^2}$, $a > 0$, ist zu berechnen! $\left(\text{Anleitung: Es ist } \int\limits_{-\infty}^{\infty} e^{-t^2}\, dt = \sqrt{\pi}.\right)$

* *Aufgabe 6.4:* Die Fourier-Transformierte der Funktion

$$f(x) = \begin{cases} \sin x & \text{für} \quad |x| \le \pi, \\ 0 & \text{für} \quad |x| > \pi \end{cases} \quad \text{ist zu berechnen!}$$

Anhang

Zusammenstellung wichtiger Potenzreihen

Funktion und Potenzreihenentwicklung	Gültigkeits-bereich	Formel-nummer
$(1 + x)^{\alpha} = 1 + \begin{pmatrix} \alpha \\ k \end{pmatrix} x + \begin{pmatrix} \alpha \\ k \end{pmatrix} x^2 + \begin{pmatrix} \alpha \\ k \end{pmatrix} x^3 + \dots \qquad \alpha \text{ reell}$	$(-1, 1)$	(4.17)

Spezialfälle:

$$(1 + x)^{-k-1} = 1 - \begin{pmatrix} k+1 \\ 1 \end{pmatrix} x + \begin{pmatrix} k+2 \\ 2 \end{pmatrix} x^2 - \begin{pmatrix} k+3 \\ 3 \end{pmatrix} x^3 + \dots, \quad k = 0, 1, 2, \dots \qquad (-1, 1) \qquad \text{Bsp. 4.4}$$

$$\frac{1}{1 - x} = 1 + x + x^2 + x^3 + \dots \qquad (-1, 1) \qquad (2.5)$$

$$\sqrt{1 + x} = 1 + \frac{1}{2} x - \frac{1}{2 \cdot 4} x^2 + \frac{1 \cdot 3}{2 \cdot 4 \cdot 6} x^3 - \frac{1 \cdot 3 \cdot 5}{2 \cdot 4 \cdot 6 \cdot 8} x^4 + \dots \qquad [-1, 1] \qquad (4.19)$$

$$\frac{1}{\sqrt{1 + x}} = 1 - \frac{1}{2} x + \frac{1 \cdot 3}{2 \cdot 4} x^2 - \frac{1 \cdot 3 \cdot 5}{2 \cdot 4 \cdot 6} x^3 + \frac{1 \cdot 3 \cdot 5 \cdot 7}{2 \cdot 4 \cdot 6 \cdot 8} x^4 - \dots \qquad (-1, 1) \qquad (4.20)$$

$$e^x = 1 + \frac{x}{1!} + \frac{x^2}{2!} + \frac{x^3}{3!} + \dots \qquad (-\infty, \infty) \qquad (4.11)$$

$$\frac{x}{e^x - 1} = 1 - \frac{x}{2} + \frac{B_2}{2!} x^2 + \frac{B_4}{4!} x^4 + \frac{B_6}{6!} x^6 + \dots \qquad (-2\pi, 2\pi) \qquad (4.57)$$

$$\ln (1 + x) = x - \frac{x^2}{2} + \frac{x^3}{3} - \frac{x^4}{4} + \dots \qquad (-1, 1] \qquad (4.14)$$

$$\ln \frac{1 + x}{1 - x} = 2 \left(x + \frac{x^3}{3} + \frac{x^5}{5} + \frac{x^7}{7} + \dots \right) \qquad (-1, 1) \qquad (4.16)$$

$$\sin x = x - \frac{x^3}{3!} + \frac{x^5}{5!} - \frac{x^7}{7!} + \dots \qquad (-\infty, \infty) \qquad (4.12)$$

$$\cos x = 1 - \frac{x^2}{2!} + \frac{x^4}{4!} - \frac{x^6}{6!} + \dots \qquad (-\infty, \infty) \qquad (4.12)$$

$$\tan x = x + \frac{1}{3} x^3 + \frac{2}{15} x^5 + \frac{17}{315} x^7 + \dots$$
$$\dots + (-1)^{n-1} \frac{2^{2n}(2^{2n} - 1) B_{2n}}{(2n)!} x^{2n-1} + \dots \qquad \left(-\frac{\pi}{2}, \frac{\pi}{2} \right) \qquad (4.63)$$

$$x \cot x = 1 - \frac{1}{3} x^2 - \frac{1}{45} x^4 - \frac{2}{945} x^6 - \dots + (-1)^n \frac{2^{2n} B_{2n}}{(2n)!} x^{2n} + \dots \qquad (-\pi, \pi) \qquad (4.62)$$

Funktion und Potenzreihenentwicklung	Gültigkeits-bereich	Formel-nummer

$$\sin^2 x = x^2 - \frac{1}{3}x^4 + \frac{2}{45}x^6 - \dots \,{}^{1})$$
$(-\infty, \infty)$ (4.28)

$$\sin^3 x = x^3 - \frac{1}{2}x^5 + \frac{13}{120}x^7 - \dots{}^{1})$$
$(-\infty, \infty)$ (4.29)

$$e^{\sin x} = 1 + x + \frac{1}{2}x^2 - \frac{1}{8}x^4 - \frac{1}{15}x^5 - \dots{}^{1})$$
$(-\infty, \infty)$ (4.69)

$$\ln(1 + \sin x) = x - \frac{1}{2}x^2 + \frac{1}{6}x^3 - \frac{1}{12}x^4 + \dots \,{}^{1})$$
$\left(-\frac{\pi}{2}, \frac{\pi}{2}\right)$ (4.31)

$$\arcsin x = x + \frac{1}{2}\frac{x^3}{3} + \frac{1\cdot 3}{2\cdot 4}\frac{x^5}{5} + \frac{1\cdot 3\cdot 5}{2\cdot 4\cdot 6}\frac{x^7}{7} + \dots$$
$(-1, 1)$ (4.24)

$$\arctan x = x - \frac{x^3}{3} + \frac{x^5}{5} - \frac{x^7}{7} + \dots$$
$[-1, 1]$ (4.22)

$$(\arctan x)^2 = x^2 - \frac{1}{2}\left(1 + \frac{1}{3}\right)x^4 + \frac{1}{3}\left(1 + \frac{1}{3} + \frac{1}{5}\right)x^6 - \dots$$
$(-1, 1)$ Aufg.4.

$$\sinh x = x + \frac{x^3}{3!} + \frac{x^5}{5!} + \frac{x^7}{7!} + \dots$$
$(-\infty, \infty)$ (4.13)

$$\cosh x = 1 + \frac{x^2}{2!} + \frac{x^4}{4!} + \frac{x^6}{6!} + \dots$$
$(-\infty, \infty)$ (4.13)

$$x \coth x = 1 + \frac{1}{3}x^2 - \frac{1}{45}x^4 + \frac{2}{945}x^6 - \dots + \frac{2^{2n}B_{2n}}{(2n)!}x^{2n} + \dots$$
$(-\pi, \pi)$ (4.61)

$$\operatorname{arsinh} x = x - \frac{1}{2}\frac{x^2}{3} + \frac{1\cdot 3}{2\cdot 4}\frac{x^5}{5} - \frac{1\cdot 3\cdot 5}{2\cdot 4\cdot 6}\frac{x^7}{7} + \dots$$
$(-1, 1)$ (4.26)

$$\operatorname{artanh} x = x + \frac{x^3}{3} + \frac{x^5}{5} + \frac{x^7}{7} + \dots$$
$(-1, 1)$ (4.25)

$$\operatorname{Si} x = x - \frac{x^3}{3\cdot 3!} + \frac{x^5}{5\cdot 5!} - \frac{x^7}{7\cdot 7!} + \dots$$
$(-\infty, \infty)$ (4.33)

$$\operatorname{erf} x = \frac{2}{\sqrt{\pi}}\left(x - \frac{x^3}{3\cdot 1!} + \frac{x^5}{5\cdot 2!} - \frac{x^7}{7\cdot 3!} + \dots\right)$$
$(-\infty, \infty)$ (4.35)

$$F\left(k, \frac{\pi}{2}\right) = K(k) = \frac{\pi}{2}\left(1 + \left(\frac{1}{2}\right)^2 k^2 + \left(\frac{1\cdot 3}{2\cdot 4}\right)^2 k^4 + \dots\right)$$
$[0, 1)$ (4.48)

$$E\left(k, \frac{\pi}{2}\right) = E(k) = \frac{\pi}{2}\left(1 - \left(\frac{1}{2}\right)^2 k^2 - \left(\frac{1\cdot 3}{2\cdot 4}\right)^2 \frac{k^4}{3} - \left(\frac{1\cdot 3\cdot 5}{2\cdot 4\cdot 6}\right)^2 \frac{k^6}{5} - \dots\right)$$
$[0, 1)$ (4.40)

---

^{1}) Hier ist aus den Anfangsgliedern kein Bildungsgesetz für das n-te Glied zu erkennen.

Lösungen der Aufgaben

2.1: a) $s = \dfrac{1}{2}$,   b) $s = 3$.

2.2: a) konvergent $\left(\text{Majorante: } \sum\limits_{\nu=1}^{\infty} \dfrac{1}{\nu^2}\right)$;   b) divergent $\left(\text{Minorante: } \sum\limits_{\nu=1}^{\infty} \dfrac{1}{\nu+1}\right)$;

c) divergent $\left(\text{Minorante: } \sum\limits_{\nu=2}^{\infty} \dfrac{1}{\nu}\right)$;   d) konvergent $\left(\text{Majorante: } \sum\limits_{\nu=1}^{\infty} \dfrac{2}{\nu^2}\right)$;

c) konvergent $\left(\text{Majorante: } \sum\limits_{\nu=1}^{\infty} \dfrac{1}{\nu^3}\right)$;   f) divergent $\left(\text{Minorante: } \sum\limits_{\nu=1}^{\infty} \dfrac{1}{\nu^{2/3}}\right)$.

2.3: a) konvergent,   b) divergent,   c) konvergent,   d) konvergent,
e) konvergent,   f) konvergent,   g) divergent,   h) konvergent.

2.4: a) konvergent,   b) konvergent,   c) konvergent,   d) konvergent,
e) divergent,   f) konvergent.

2.5: a) konvergent,   b) konvergent,   c) divergent,   d) konvergent,
e) divergent,   f) divergent.

2.6: Die Beträge der Glieder aller Reihen bilden monotone Nullfolgen.

2.7: a) nicht-absolut konvergent,   b) nicht-absolut konvergent,   c) absolut konvergent,
d) nicht-absolut konvergent,   e) absolut konvergent.

3.1: Es ist $s_n(x) = \sum\limits_{\nu=0}^{n} (x^\nu - x^{\nu+1}) = (1 - x) \sum\limits_{\nu=0}^{n} x^\nu = (1 - x)\dfrac{1 - x^{n+1}}{1 - x} = 1 - x^{n+1}$ für $x \neq 1$,
$s(x) = 1$ für $x \in [0, a]$, und somit $|s(x) - s_n(x)| = x^{n+1} \leq a^{n+1}$. Offenbar gilt $|s(x) - s_n(x)| < \varepsilon$,
wenn $n > \dfrac{\ln \varepsilon}{\ln a} - 1$, unabhängig von x; die Reihe konvergiert gleichmäßig in $[0, a]$. Da
aber $s_n(1) = 0$ für alle n und daher $s(1) = 0$ gilt, ist die Summenfunktion in $[0, 1]$ unstetig und
somit wegen Satz 3.3 dort ungleichmäßig konvergent.

3.2: Es ist $s_n(x) = 1 + x^2 - \dfrac{1}{(1 + x^2)^n}$, $s(x) = \begin{cases} 1 + x^2 & \text{für } x \neq 0 \\ 0 & \text{für } x = 0 \end{cases}$; $N(\varepsilon, x)$ kann mit $N(\varepsilon, x) = \dfrac{-\ln \varepsilon}{\ln (1 + x^2)}$ gewählt werden. Für $x \to 0$ strebt dieser Ausdruck (für jedes feste $\varepsilon < 1$) gegen ∞;
es existiert also bei vorgegebenem ε keine Zahl N^*, so daß $|s(x) - s_n(x)| < \varepsilon$ für alle $x \in I$ gilt,
sofern $n > N^*$ ist.

3.3: Es ist $\left| \dfrac{1}{x^2 + n + 1} - \dfrac{1}{x^2 + n + 2} + \dots + \dfrac{(-1)^{p-1}}{x^2 + n + p} \right| \leq \dfrac{1}{x^2 + n + 1} \leq \dfrac{1}{n + 1}$ für
$x \in [0, \infty]$, und die rechte Seite der Ungleichung wird, unabhängig von x, für jedes feste p bei
hinreichend großem n beliebig klein.

3.4: a) $\left| \dfrac{\cos \nu x}{\nu^3} \right| \leq \dfrac{1}{\nu^3}$ für alle x;   b) $\dfrac{1}{x^2 + \nu^2} \leq \dfrac{1}{\nu^2}$ für alle x;

c) Der Maximalwert von $f_\nu(x)$ wird bei $x = \dfrac{1}{\nu \sqrt[4]{3}}$ angenommen und beträgt

$a_\nu = \dfrac{1}{\nu \sqrt[4]{3}\,(1 + \nu^2/\sqrt{3})}$; die Reihe $\sum\limits_{\nu=1}^{\infty} a_\nu$ konvergiert.

3.5: a) ja, da die Reihe wegen $\left| \dfrac{\sin \nu^4 x}{\nu^2} \right| \leq \dfrac{1}{\nu^2}$ für alle x gleichmäßig konvergiert;

b) nein, da die durch formales Differenzieren entstehende Reihe $\cos x + 2^2 \cos 2^4 x + \dots$
z. B. in $x = 0$ divergiert.

4.1: a) $r = 1$,   b) $r = \infty$,   c) $r = \dfrac{1}{e}$,   d) $r = \infty$,   e) $r = 0$,   f) $r = \dfrac{1}{6}$.

4.2: a) $(-4, 4)$, in beiden Randpunkten divergent,
b) $(-1, 1)$, konvergent für $x = -1$, divergent für $x = 1$,
c) $(-1, 1)$, in beiden Randpunkten konvergent, d) $(-1, 1)$, in beiden Randpunkten divergent.

4.3: a) $\displaystyle\sum_{\nu=0}^{\infty} \frac{x^{2\nu}}{\nu!}$, $(-\infty, \infty)$,   b) $\displaystyle\sum_{\nu=0}^{\infty} (-1)^{\nu} \frac{x^{\nu+2}}{\nu!}$, $(-\infty, \infty)$;   c) $\displaystyle\sum_{\nu=0}^{\infty} (-1)^{\nu} \frac{(3x)^{2\nu}}{(2\nu)!}$, $(-\infty, \infty)$;

d) $a^{a} \displaystyle\sum_{\nu=0}^{\infty} \binom{\alpha}{\nu}\left(\frac{x}{a}\right)^{\nu}$, $(-a, a)$, $a > 0$;   e) $1 + \displaystyle\sum_{\nu=1}^{\infty} (-1)^{\nu} \frac{1 \cdot 4 \ldots (3\nu - 2)}{3 \cdot 6 \ldots 3\nu} x^{3\nu}$, $(-1, 1)$;

f) $1 + 2 \displaystyle\sum_{\nu=1}^{\infty} (-1)^{\nu} x^{2\nu}$, $(-1, 1)$;   g) $\displaystyle\sum_{\nu=0}^{\infty} (-1)^{\nu} \frac{2^{2\nu+1}}{2\nu + 1} x^{2\nu}$, $(-1, 1)$;

h) $\dfrac{1 - x}{1 - x^{3}} = \displaystyle\sum_{\nu=0}^{\infty} (1 - x) x^{3\nu} = 1 - x + x^{3} - x^{4} + x^{6} - x^{7} + \ldots$, $(-1, 1)$.

4.4: a) $\displaystyle\sum_{\nu=0}^{\infty} (-1)^{\nu} (x - 1)^{\nu}$, $(0, 2)$;   b) $\sqrt{2} \left[1 + \displaystyle\sum_{\nu=1}^{\infty} (-1)^{\nu-1} \frac{1 \cdot 3 \ldots (2\nu - 3)}{2 \cdot 4 \ldots 2\nu} \frac{(x - 2)^{\nu}}{2^{\nu}} \right]$, $(0,4)$;

c) $e^{-3} \displaystyle\sum_{\nu=0}^{\infty} \frac{(x + 3)^{\nu}}{\nu!}$, $(-\infty, \infty)$;   d) $\displaystyle\sum_{\nu=1}^{\infty} (-1)^{\nu-1} \frac{(x - 1)^{\nu}}{\nu}$, $(0, 2)$.

4.5: a) $s'(x) = \dfrac{1}{1 - x^{2}}$, $s(x) = \dfrac{1}{2} \ln \dfrac{1 + x}{1 - x} = \operatorname{artanh} x$,

b) $s'(x) = x \sin x$, $s(x) = \sin x - x \cos x$.

4.6: $f'(x) = \dfrac{4 + 2x^{2}}{4 + x^{4}}$, $\arctan \dfrac{2x}{2 - x^{2}} = x + \dfrac{x^{3}}{2 \cdot 3} - \dfrac{x^{5}}{2^{2} \cdot 5} + \dfrac{x^{7}}{2^{3} \cdot 7} + \dfrac{x^{9}}{2^{4} \cdot 9} + \ldots$,

$x \in (-\sqrt{2}, \sqrt{2})$.

4.7: $\displaystyle\sum_{\nu=1}^{\infty} (-1)^{\nu-1} \frac{1}{\nu} \left(1 + \frac{1}{3} + \ldots \frac{1}{2\nu - 1} \right) x^{2\nu}$

$= x^{2} - \dfrac{1}{2} \left(1 + \dfrac{1}{3} \right) x^{4} + \dfrac{1}{3} \left(1 + \dfrac{1}{3} + \dfrac{1}{5} \right) x^{6} - \ldots$, $x \in (-1, 1)$.

4.8: a) $\displaystyle\sum_{\nu=1}^{\infty} (-1)^{\nu-1} \frac{1}{\nu^{2}} = \frac{\pi^{2}}{12} \approx 0{,}822$;   b) $\displaystyle\sum_{\nu=0}^{\infty} (-1)^{\nu} \frac{1}{(2\nu + 1) \nu!} \approx 0{,}747$;

c) $90 + \ln 10 - \dfrac{1}{2!} \left(\dfrac{1}{10^{2}} - \dfrac{1}{10} \right) - \dfrac{1}{2 \cdot 3!} \left(\dfrac{1}{10^{4}} - \dfrac{1}{10^{2}} \right) - \ldots \approx 92{,}348$;

d) $\displaystyle\sum_{\nu=1}^{\infty} \frac{(-1)^{\nu-1}}{(2\nu - 1)^{2} \, 4^{2\nu-1}} \approx 0{,}248$.

4.9: $\displaystyle\int_{0}^{\pi} \sqrt{1 + \cos^{2} x} \; \mathrm{d}x = \int_{0}^{\pi} \left(1 + \frac{1}{2} \cos^{2} x - \frac{1}{2 \cdot 4} \cos^{4} x + \frac{1 \cdot 3}{2 \cdot 4 \cdot 6} \cos^{6} x - \ldots \right) \mathrm{d}x$

$= \pi \left(1 + \dfrac{1}{2^{2}} - \dfrac{3}{2^{6}} + \dfrac{5}{2^{8}} - \dfrac{175}{2^{14}} + \ldots \right) \approx 3{,}82$.

4.10: $x + \dfrac{1}{2} \dfrac{x^{5}}{5} + \dfrac{1 \cdot 3}{2 \cdot 4} \dfrac{x^{9}}{9} + \dfrac{1 \cdot 3 \cdot 5}{2 \cdot 4 \cdot 6} \dfrac{x^{13}}{13} + \ldots$, $x \in [-1, 1]$.

4.11: $-1 + \dfrac{1}{2}x + \dfrac{1}{12}x^2 + \ldots \quad x \in (-1, 1).$

4.12: $\dfrac{E_{2\nu}}{(2\nu!)} - \dfrac{E_{2\nu-2}}{2!\,(2n-2)!} + \ldots + (-1)^\nu \dfrac{E_0}{(2\nu)!} = 0, \quad \nu = 1, 2, 3, \ldots;$

$E_0 = 1, \quad E_2 = 1, \quad E_4 = 5, \quad E_6 = 61.$

4.13: $\dfrac{1}{2}x - \dfrac{1}{8}x^2 - \dfrac{1}{8}x^3 + \dfrac{13}{192}x^4 + \dfrac{31}{480}x^5 - \ldots$

(Verwendung der Beziehungen zwischen den b_ν und c_ν, wobei die c_ν gegeben sind.)

4.14: a) -2, b) $-\dfrac{1}{2}$, c) 3, d) 0.

5.1: $f(x) = \dfrac{1}{4} - \dfrac{2}{\pi^2}\left(\cos x + \dfrac{\cos 3x}{3^2} + \dfrac{\cos 5x}{5^2} + \ldots\right) + \dfrac{1}{\pi}\left(\sin x - \dfrac{\sin 2x}{2} + \dfrac{\sin 3x}{3} - \ldots\right).$

5.2: $f(x) = \dfrac{2}{\pi} - \dfrac{4}{\pi}\left(\dfrac{\cos 2x}{1\cdot 3} + \dfrac{\cos 4x}{3\cdot 5} + \dfrac{\cos 6x}{5\cdot 7} + \ldots\right);$

für $x = 0$: $\displaystyle\sum_{\nu=1}^{\infty} \dfrac{1}{(2\nu-1)(2\nu+1)} = \dfrac{1}{2}$, für $x = \dfrac{\pi}{2}$: $\displaystyle\sum_{\nu=1}^{\infty} \dfrac{(-1)^{\nu-1}}{(2\nu-1)(2\nu+1)} = \dfrac{\pi}{4} - \dfrac{1}{2}.$

5.3: $f(x) = \dfrac{8}{\pi}\left(\sin x + \dfrac{\sin 3x}{3^3} + \dfrac{\sin 5x}{5^3} + \ldots\right);$

die periodische Fortsetzung von $f(x)$ — mit 2π — ist eine stetig-differenzierbare Funktion.

5.4: $a_\nu = 0$ für alle ν, $b_\nu = 0$ für $\nu = 2, 4, 6, \ldots$, $b_\nu = \dfrac{4}{\pi\nu}\cos\dfrac{\nu\pi}{3}$ für $\nu = 1, 3, 5, \ldots$

$f(x) = \dfrac{4}{\pi}\left[\dfrac{1}{2}\sin x - \dfrac{1}{3}\sin 3x + \dfrac{1}{10}\sin 5x + \dfrac{1}{14}\sin 7x - \ldots\right].$

5.5: $f(x) = 3 - \dfrac{4}{\pi}\left[\sin\dfrac{\pi}{2}x - \dfrac{1}{2}\sin\pi x + \dfrac{1}{3}\sin\dfrac{3}{2}\pi x - \ldots\right].$

5.6: $f(x) = \dfrac{8}{\pi^2}\left[\sin\dfrac{\pi}{2}x - \dfrac{1}{3^2}\sin\dfrac{3}{2}\pi x + \dfrac{1}{5^2}\sin\dfrac{5}{2}\pi x - \ldots\right];$

das Bild der Funktion $f(x)\sin\dfrac{\nu}{2}\pi x$ ist axialsymmetrisch bezüglich der Geraden $x = 1$.

5.7: $f(t) = \dfrac{\tau}{2T} + \dfrac{4T}{\pi^2\tau}\displaystyle\sum_{\nu=1}^{\infty}\dfrac{1}{\nu^2}\sin^2\dfrac{\nu\pi\tau}{2T}\cos\dfrac{2\pi\nu t}{T}.$

6.1: $F_c(\omega) = \dfrac{4}{\sqrt{2\pi}}\dfrac{\sin^2\dfrac{T\omega}{2}}{T\omega^2}$, $F(\omega) = 4\dfrac{\sin^2\dfrac{T\omega}{2}}{T\omega^2}.$

6.2: $F_s(\omega) = \dfrac{4}{\sqrt{2\pi}}\dfrac{\sin^2 T\omega}{\omega}$, $F(\omega) = -4\mathrm{i}\dfrac{\sin^2 T\omega}{\omega}.$

6.3: $F(\omega) = \sqrt{\dfrac{\pi}{a}}\,\mathrm{e}^{-\omega^2/4a}.$

6.4: $F(\omega) = 2\mathrm{i}\dfrac{\sin\pi\omega}{\omega^2 - 1}$ für $|\omega| \neq 1$ (für $\omega = \pm 1$ ist $F(\omega)$ durch den Grenzwert der rechten Seite

für $\omega \to \pm 1$ zu definieren).

Namen- und Sachregister

Literatur

[1] *Bronstein, I. N.; Semendjajew, K. A.:* Taschenbuch der Mathematik, 23. Aufl., Leipzig: BSB B. G. Teubner Verlagsgesellschaft 1987.
[2] *Dallmann, H.; Elster, K.-H.:* Einführung in die höhere Mathematik für Naturwissenschaftler und Ingenieure, Band I, 2. Aufl. Jena 1987.
[3] *Duschek, A.:* Vorlesungen über höhere Mathematik, Band I, 3. Aufl. Wien 1960.
[4] *Fichtenholz, G. M.:* Differential- und Integralrechnung, Bände II, III (Übers. a. d. Russ.), 10., 11. Aufl., Berlin 1982.
[5] *Jahnke, E.; Emde, F.:* Tafeln höherer Funktionen, 5. Aufl. Leipzig 1960.
[6] *Knopp, K.:* Theorie und Anwendung der unendlichen Reihen, 5. Aufl. Berlin/Göttingen/Heidelberg 1964.
[7] *v. Mangoldt, H.; Knopp, K.:* Einführung in die höhere Mathematik, Band II, 15. Aufl. Leipzig 1978.
[8] *Schröder, K.* (Herausg.): Mathematik für die Praxis, Band II, 3. Aufl. Berlin 1966.
[9] *Smirnow, W. I.:* Lehrgang der höheren Mathematik, Band II (Übers. a. d. Russ.), 15. Aufl. Berlin 1981.
[10] *Tolstow, G. P.:* Fourierreihen, Berlin 1955.

Mathematik für Ingenieure, Naturwissenschaftler, Ökonomen und Landwirte